编审委员会

高职高专规划教材

环境工程CAD

王春梅 主编 朱庆斌 副主编

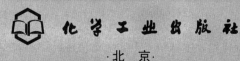

化学工业出版社

·北京·

本书以图纸生成过程为主线，从工程制图基本要求及国家标准出发，首先引出工程制图基础知识，在学习者初步具有制图基础知识的基础上，开始介绍计算机绘图知识。全书以 AutoCAD 2009 版为主，从软件的安装开始着手，先后详细、多角度地介绍了绘图过程中涉及的二维、三维常用绘图命令，编辑方法及操作技巧，并进一步介绍了系统设置方面基础知识。通过对本书的系统学习，使初学者能够灵活地运用 AutoCAD 2009，方便、快捷地绘制各类图形，打印出成型图纸，并可以进行三维建模，增强图纸的直观性和阅读性。在本书最后还附有环境工程图样供参照制图。

本书为高职高专环境类专业教材，也可供相关工程技术人员参考。

图书在版编目 (CIP) 数据

环境工程 CAD/王春梅主编. —北京：化学工业出版社，2011.5
高职高专规划教材
ISBN 978-7-122-10624-7

Ⅰ. 环⋯　Ⅱ. 王⋯　Ⅲ. 环境工程-计算机辅助设计-高等学校：技术学院-教材　Ⅳ. X5-39

中国版本图书馆 CIP 数据核字（2010）第 031207 号

责任编辑：王文峡　　　　　　　　　　　　文字编辑：刘莉珺
责任校对：边　涛　　　　　　　　　　　　装帧设计：尹琳琳

出版发行：化学工业出版社（北京市东城区青年湖南街 13 号　邮政编码 100011）
印　　装：三河市延风印装厂
787mm×1092mm　1/16　印张 13½　字数 324 千字　2011 年 5 月北京第 1 版第 1 次印刷

购书咨询：010-64518888（传真：010-64519686）　　售后服务：010-64518899
网　　址：http://www.cip.com.cn
凡购买本书，如有缺损质量问题，本社销售中心负责调换。

定　　价：25.00 元　　　　　　　　　　　　　　　　　　　版权所有　　违者必究

进入 21 世纪以来，随着环境工程学科的迅速发展，对环境工程技术人员的需求量越来越大。同时涉及的需要解决的环境工程技术问题也越来越复杂，实际应用中对环境工程设计的质量和速度要求不断提高，传统的徒手设计方法已不能再适应当前环境工程设计发展的需要，这就要求环境工程设计人员必须要具有现代化的设计理念和掌握先进的设计工具。

AutoCAD 是美国 Autodesk 公司开发的计算机辅助设计软件。目前，它已被广泛应用于建筑、机械、制造、航空等工程设计的各个领域。近几年来，AutoCAD 技术在我国环境工程设计中也得到了广泛的应用，为了适应时代发展的需要，环境工程从业人员必须具有一定程度的计算机绘图水平。甩掉图板，实现无纸化设计，是 AutoCAD 技术的最终发展目标。

本书各章节编写以图纸生成过程为主线，从工程制图基本要求及国家标准出发，首先引出工程制图基础知识，在学习者初步具有制图基础知识的基础上，开始介绍计算机绘图知识，全书以 AutoCAD 2009 版为主，从软件的安装开始着手，先后详细、多角度介绍了绘图过程中涉及的二维、三维常用绘图命令，编辑方法及操作技巧，并进一步介绍了系统设置方面基础知识。通过对本书的系统学习，使初学者能够灵活地利用 AutoCAD 2009，方便、快捷地绘制各类图形，打印出成型图纸，并可以进行三维建模，增强图纸的直观性和阅读性。

本教材具有如下特点：

1. 循序渐进，由浅入深。注重基本理论、基本操作方法，又注重现行设计方法的理论依据和工程背景，面向就业，培养职业能力和职业素质。

2. 书中例图全部以环境工程设计实例图纸为主，体系新颖，结构合理，把握学科课程之间的相互关系，避免内容重复。

3. 定位准确，突出实用性。在保证内容反映国内外环境工程最新发展的基础上，以满足高职和应用型大专院校的教学要求，以实现专业培养目标为基本原则。

4. 为了配合课堂教学与实际操作紧密结合，在全书最后部分配套大量图样，专供学生练习操作使用。

5. 为方便广大用户学习，本书内容已制作成多媒体教学课件，可发邮件至 cipedu@163.com 免费获取。

全书编者皆具有多年的 AutoCAD 教学和环境工程设计实战经验，现将其总结并编写成书，希望对高职高专院校环境工程及建筑、机械等相关设计专业的学生在学习 AutoCAD 过程中有所帮助。

本书由杨凌职业技术学院王春梅主编，福建交通职业技术学院朱庆斌副主编，全书由王春梅统稿。参加编写人员及分工情况如下：

福建交通职业技术学院朱庆斌编写第一章；广西生态环境工程职业技术学校陈福坤编写第二、

三章；杨凌职业技术学院王春梅编写第四～八章及第九章一、二、四节；南昌工程学院刘惠英编写第九章第三节；西安航空技术高等专科学校吴奇编写附录部分。

在本书编写过程中，得到了西安电子科技大学及兄弟院校有关专家的指导与帮助，在此表示衷心感谢。还要衷心感谢西北农林科技大学教授刘金禹、王玉宝同志，他们在百忙中审阅了编写大纲与全部书稿，并提出了许多建设性的意见和建议。

由于作者水平有限，本书难免存在疏漏，恳请广大读者及专家批评指正，我们将认真考虑您的每一个真诚的意见和建议，并将它们反映在今后的版本中。

编者

2011 年 2 月

目 录

第一章 AutoCAD 2009 简介

学习指南

了解 AutoCAD 软件的性质及应用状况，熟悉 AutoCAD 技术在不同时期的发展变化过程、CAD 技术的结构、功能组成及在行业中所处的地位和作用。

第一节 CAD 技术及发展

一、CAD 技术的发展历程

CAD 是 "computer-aided design" 的英文缩写，即 "计算机辅助设计"，是利用计算机辅助技术人员进行产品研发、工程设计的一门多学科的综合性应用新技术。该技术是随着计算机科学技术的发展而发展的，它经历了由小到大、由易到难、由简单到复杂的发展过程。CAD 技术的发展大致经历了以下四个阶段。

（一）第一发展阶段

CAD 技术起源于 20 世纪 50 年代。当时，计算机图形有较大发展，基于图形学的快速发展，美国麻省理工学院 MIT 的博士生 Ivan. Sutherland 于 60 年代初研制出世界上第一台利用光笔的交互式图形系统 SKETCHPAD，并在其论文 "计算机辅助设计纲要" 中第一次提出了计算机辅助设计和制造概念。它极大地震动了讲求实效的工程技术界，许多计算机工程科技人员和企业纷纷开展 CAD 技术的研究工作，从而开辟了计算机技术应用的新领域，CAD 技术从此走上了健康发展的道路。

这一时期采用 CAD 技术的 CAD 系统，其功能比较单一，但价格昂贵，技术复杂，只有波音飞机、通用汽车、军工企业等大型企业才有条件使用 CAD 技术进行工程设计。美国通用汽车公司和 IBM 公司率先设计了 DAC-1（Design Augmented by Computer）系统，利用计算机来设计汽车外形与结构，这可以说是 CAD 技术用于工程设计的最早示例。

（二）第二发展阶段

20 世纪 70 年代，随着计算机技术和图形学的飞速发展，CAD 技术得到了显著提高。推出了以小型计算机为平台的 CAD 系统，Applican、Computer Vision（CV）、Intergraph、Calma 等公司相继推出了基于小型计算机平台的 CAD 系统，CAD 系统趋向商品化。这一时期，CAD 系统中的图形软件、支撑软件、图形设备（显示器、输入板、绘图仪等）日趋完善，且价格大幅下降，应用范围更加广泛，操作更加方便，设计质量更加提高。当时人们称这种 CAD 系统为 Turnkey，即交钥匙系统。70 年代末，美国 CAD 工作站安装数量超过 12000 台，使用人数超过 2.5 万，此时中小型企业也开始关注并采用 CAD 技术。

（三）第三发展阶段

随着大规模、超大规模集成电路的出现和发展，CAD 技术在 20 世纪 80 年代获得了飞速发展。80年代推出了以超级微机（工作站）为平台的CAD系统，Appolor、Sun、Nec、HP、SGI、IBM、Autodesk等公司相继推出了工作站图形处理系统，这些系统性能更优，价格更低，操作更加方便，同时图形软件更加成熟，二维和三维图形处理技术、真实感图形处理技术、有限元分析、优化设计、模拟仿真、动态景观、计算可视化等进入了实用化阶段，CAD、CAE、CAM一体化综合软件的推出，使CAD技术又上了一个新台阶。在这个时期，图形系统和CAD/CAM工作站的销售数量与日俱增，美国实际安装的CAD系统达到63000套，CAD/CAM技术从大中型企业向中小型企业扩展，从产品设计发展到工程设计和工艺设计。广泛的社会需求及应用，又促使CAD技术进一步发展与提高。

（四）第四发展阶段

20世纪90年代，计算机软硬件技术取得了突飞猛进的发展，特别是微处理器（CPU）性能的提高，视窗系统的出现，以及Internet的广泛应用，对人类社会各个方面产生了巨大影响，大大促进了CAD技术的发展。CAD技术在90年代继续向更高水平发展。90年代，CAD技术和Internet技术的紧密结合，为CAD技术的发展创造了条件，计算机一体化解决方案CIMS、CAPP、PDM、ERP等大型智能化软件相继问世。现在的CAD系统中综合应用正文、图形、图像、语音等多媒体技术和人工智能、专家系统等技术大大提高了自动化设计程度，出现了智能CAD学科。智能CAD技术把工程数据库及其管理系统、知识库及其专家系统、拟人化的用户管理系统集于一体，为CAD技术提供了更广阔的空间。

甩掉图板，实现无纸化设计，是CAD技术发展的最终目标。波音747飞机是世界上第一架实现无纸化设计和制造的飞机。

二、CAD的技术结构组成

（一）环境工程设计的内涵

环境工程设计是指环境工程技术人员，利用环境工程及其相关学科知识，具体落实防治环境污染、合理利用自然资源、保护和改善环境质量的工程建设项目的设计工作，它包括根据环境工程的各种相关工程设计标准、文件等资料，运用工程设计知识进行分析、推理、计算等规则化或创造活动，直至最后得到相关工程建设项目的重要技术资料——各种文档、图纸、说明书等一系列活动的过程。

环境工程设计的主要研究内容除了大气污染防治工程、水污染防治工程、固体废物的处理和利用及噪声控制工程等四项以外，还可以按照化工设计的单元设计模式进行划分，即环境工程设计可分为厂址选择与总平面布置、污染强度计算、工艺流程设计、车间布置设计、管道布置设计、环保设备的设计与选型、环境工程项目概预算、环境工程设计中的清洁生产设计等单元设计模式。同时它也涉及该领域的技术研究与开发、工程设计、相关的设备设计与制造、施工、安装、操作管理等内容。

因此要想做好环境工程CAD技术方面的工作，对环境工程设计人员提出了较高的要求，不仅要具备环境工程设计方面的知识和环境工程设计所必需的法律、法规知识，还必须熟练地掌握工程CAD应用技术。

（二）环境工程CAD技术研究方法

1. 环境工程二维图形的设计方法

在环境工程设计中，遇到最多的图形处理问题还是该领域的二维图形，它通常包括工艺流程图、管道布置图、配筋图、总平面布置图等。系统研究这些常见图形的生成方法对于该专业设计人员至关重要。

2．环境工程三维图形设计方法

虽然三维图形制作设计在环境工程设计中运用仍然比较少，但三维图形处理技术将越来越多地在工程行业有所应用，它也是不断推动 CAD 技术在环境工程设计领域向纵深发展的方向之一。

3．环境工程数据处理技术

如何良好地运用计算机处理环境工程设计过程中所遇到的数据、数据文件、数据库、数表查询、线图处理工作，并将其与整个设计过程连为一体是工程设计的一个重要方面，当然它对环境工程设计也有着无比的重要性。

4．环境工程常用图形符号库的建立

面对所有产品或工程设计专业，相应领域的常用图形及其符号在其设计过程中起着十分重要的作用。将企业、行业常用的图形及其符号制作成图形库及符号库，以备设计过程中不时之需，将避免设计人员大量重复地绘制图形工作，大大提高其设计效率。

第二节　CAD 技术与行业应用

一、CAD 技术在环境工程中的应用现状

早在"八五"期间，我国就及时启动和实施了"国家 CAD 应用工程"计划。"九五"期间，随着 CAD 技术研究和应用工作的深入开展，极大地推动了我国 CAD 应用的普及和推广工作。采用 CAD 技术后工程设计行业提高功效 3～10 倍，航空、航天部门的科研试制周期缩短了 1/2～2/3，机械行业的科研和产品设计周期缩短了 1/3～1/2，提高功效 5 倍以上。特别是近些年，我国在 CAD 应用和开发方面，取得了相当大的发展，二维 CAD 技术已趋成熟，三维 CAD 技术正处于蓬勃发展时期。90 年代初期，原国家科委、国家教委等八部委开始联合推广"CAD 应用工程"，先后建立了八大 CAD 培训基地、400 多个培训网点，开展 CAD 技术的普及和推广工作。现在许多单位和企业均把实施"CAD 应用工程"作为面向 21 世纪信息化工程建设的重要组成部分，投入大量人力、物力和财力，努力创造条件提高 CAD 应用水平，从过去被动接受 CAD 技术，到现在主动掌握 CAD 技术，CAD 技术正在向深度和广度发展。

当然，从总体水平上讲，我国 CAD 技术水平与国外工业发达国家的相比还有很大的差距，各地，各行业在 CAD 技术的应用、发展上不尽一致，特别是在 CAD 技术应用的广度和深度以及对 CAD 普及发展的认识上，仍然存在着许多需要解决的问题。

二、CAD 工程制图术语及图样的种类

工程图样　根据投影原理、国家标准或有关规定，表示工程对象实体，并有相关技术说明的图。

CAD 工程图样　在工程上利用计算机辅助设计后所绘制的图样。

图形符号　由图形或图形与数字、文字组成的表示事物或概念的特定符号。

草图　以目测估计图形与实物的比例、按一定画法要求徒手绘制的图样。

原图　经审核、认可后，可以作为原稿的图样。

方案图　概要表示工程项目或产品的设计意图的图样。

设计图 在工程项目或产品进行构形和计算过程中所绘制的图样。

施工图 表达施工对象的全部尺寸、用料、结构及施工要求，用于指导施工的图样。

总布置图 表达特定区域的地形和所有建筑物布局以及临近情况的平面图样。

安装图 表示设备、构件等安装要求的图样。

零件图 表示零件结构、大小及技术要求的图样。

表格图 用图形和表格表示结构相同而参数、尺寸、技术要求不尽相同产品图样。

施工总平面图 在初步设计总平面图的基础上，根据各工种的管线布置、道路设计、各管线的平面布置和竖向设计而绘出的图样。主要表达建筑物以及情况，外部形状以及装修、构造、施工要求等的图样。

结构施工图 主要表示结构的布置情况、构件类型、大小以及构造等的图样。

框图 用线框、连线和字符，表示系统中各组成部分基本作用及相互关系的简图。

三、图样图线

在《技术制图　图线》（GB/T 17450）中有详细的规定，基本线型如表 1-1 所示。

表 1-1　基本线型

名称	基本线型	线宽	绘图颜色	一般应用
粗实线	————————	d	绿色	可见轮廓线
细实线	————————	$d/2$	白色	尺寸线、尺寸界线、剖面线、重合断面轮廓线
波浪线	～～～～～	$d/2$	白色	剖视和剖视的分界线
双折线	─∧─∧─	$d/2$	白色	断裂处的边界线
细虚线	－ － － － －	$d/2$	黄色	不可见轮廓线、粗实线的延长线
细点画线	－ · － · －	$d/2$	红色	轴线、中心线、轨迹线、对称线
细双点画线	－ ·· － ·· －	$d/2$	粉红色	极限位置的轮廓线

复习思考题

1. 简述 AutoCAD 2009 软件的发展历程。
2. 试述 AutoCAD 软件在行业中的应用现状。
3. 利用 AutoCAD 软件可绘制哪些工程图样？

第二章　AutoCAD 2009 基础知识

🔍 学习指南

　　了解 AutoCAD 2009 的基本功能；熟悉 AutoCAD 2009 的基本绘图界面；掌握执行命令和文件管理的方式；熟悉获取帮助的方法。

第一节　AutoCAD 2009 工作界面介绍

　　AutoCAD 2009 和其他的 Windows 应用程序相似，有类似的启动和退出方式。第一次启动 AutoCAD 2009，则进入 AutoCAD 2009 的"二维草图与注释"绘图工作界面，如图 2-1 所示。AutoCAD 2009 新界面主要由菜单浏览器、快速访问工具栏、信息中心、功能区、绘图区、命令窗口和状态栏组成。

　　AutoCAD 2009 提供了"二维草图与注释"、"三维建模"和"AutoCAD 经典"三个工作空间，图 2-1 为"二维草图与注释"的绘图界面。根据绘图需要或绘图习惯，可以在三个工作空间之间转换，用户可通过单击如图 2-2 所示的"切换工作空间"按钮，在弹出的快捷菜单中选择所需的工作空间。

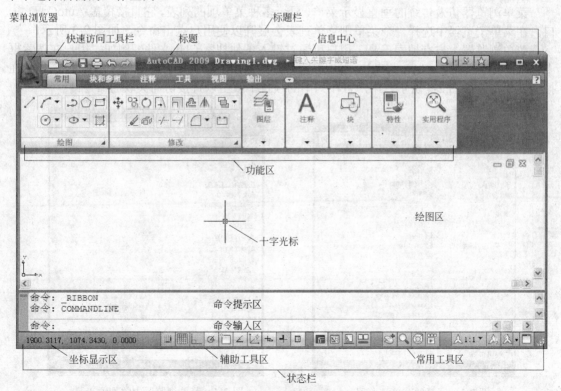

图 2-1　"二维草图与注释"的绘图界面

图 2-2　切换工作空间

"AutoCAD 经典"绘图界面延续了 AutoCAD 早期版本到 AutoCAD 2008 的界面风格，为广大用户熟悉的绘图界面。

"三维建模"绘图界面是在用户进行三维图形绘制时使用的界面，该界面提供了大量与三维建模相关的界面项，与三维无关的界面项被省去，提高用户的工作效率。

先介绍 AutoCAD 2009 最新的"二维草图与注释"工作界面的界面组成，它通过自定义或扩展用户界面来推进效率的增强，非常容易访问大部分的普通工具，通过减少到达命令的步骤来提高所有绘图的效率。全新的设计，创新的特征，简单化的图层操作均是帮助用户尽可能地提高效率。

一、标题栏

它位于界面顶部，从左到右依次显示菜单浏览器、快速访问工具栏、标题、当前浏览的文件名、信息中心和最大化、最小化等按钮。

（一）菜单浏览器

它位于标题栏的最左端，包括搜索工具、11 个主菜单项、最近使用的文档、打开的文档和最近使用的动作。

菜单浏览器仿效传统的垂直显示菜单，显示多种菜单项的列表，它直接覆盖 AutoCAD 窗口。在菜单浏览器中选择一个菜单则菜单列表会展开以便用户点击命令，如图 2-3 所示。

菜单浏览器上方有搜索工具，用户可通过键入条件搜索 CUI 文件。例如，用户在搜索框中键入"文字"，AutoCAD 将动态过滤搜索选项以显示所有 CUI 条目中包含"文字"，显示在搜索结果中，如图 2-4 所示。用户可在列出的项目中双击以直接访问关联的命令。

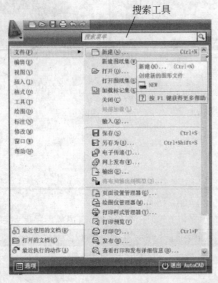

图 2-3　展开的菜单浏览器

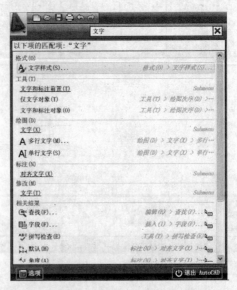

图 2-4　菜单浏览器中的搜索工具

在菜单浏览器中可以查看最近使用的文档，用户可用某种次序显示它们。光标停留在文档名称上时，会自动显示缩略图以及其他相关的文档信息。除最近文档外，菜单浏览器也可访问打开的文档和最近使用的动作。

菜单浏览器左下角有一个"选项"按钮，单击它就会弹出"选项"对话框，如图 2-5 所示，对话框中包括了文件、显示和系统等 10 个选项卡，通过它们可以设置软件的各项配置。

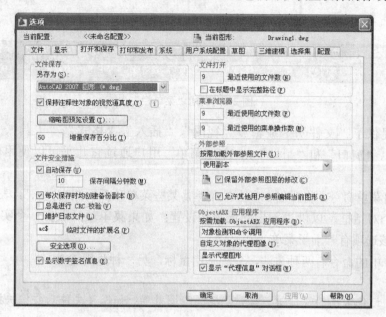

图 2-5 "选项"对话框

提示

打开菜单浏览器的快捷键为 Alt+S。

（二）快速访问工具栏

快速访问工具栏显示在"标题栏"的左侧。它包括最常使用的工具，如新建、打开、保存、打印、撤销以及恢复，如图 2-1 所示。

该工具栏可以自定义，用户可在"快速访问工具栏"上右击，在弹出的快捷菜单中选择"自定义快速访问工具栏"添加工具到快速访问工具栏，它通过在自定义用户界面对话框中拖动命令列表中的命令到"快速访问工具栏"中来完成添加。通过右键菜单也可轻易将快速访问工具栏中的工具移除。除添加和移除工具外，快速访问工具栏的右键菜单还可控制菜单栏和工具栏的显示。

（三）信息中心

快速访问工具栏显示在"标题栏"的左侧，在 AutoCAD 2009 中得到增强，可以帮助用户同时搜索多个源。用户可折叠或展开搜索框，以节约标题栏的空间。

二、菜单栏

启动 AutoCAD 2009 后，会发现"AutoCAD 经典"绘图界面中的菜单栏不见了。如果要显示菜单栏，应该在"快速访问工具栏"右击，在弹出的菜单中选择"显示菜单栏"命令，菜单立即显示在标题栏下方，如图 2-6 所示。

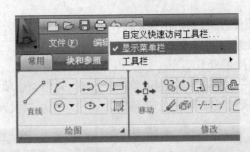

图 2-6　调用"菜单栏"

菜单栏提供了"文件"、"编辑"、"视图"、"插入"、"格式"、"工具"、"绘图"、"标注"、"修改"、"窗口"和"帮助"共 11 项菜单，用户通过它几乎可以使用软件中的所有功能。

单击任何菜单命令，将弹出一个下拉菜单，某些菜单项后面跟有"…"，表示选择该选项将会弹出一个对话框，以供进一步的选择和设置；如果菜单项后面有一个实心的小三角形"▸"，表示该选项有若干子菜单。

选择菜单中的命令有两种方法，一种是用鼠标，另一种是用键盘。

提示　　记住常用的快捷键，有利于提高绘图效率，如保存文件只要按快捷键"Ctrl+S"。

三、工具栏

在绘图中，大部分的命令都可以通过工具栏来执行，AutoCAD 2009 一共提供了 35 个工具栏，但默认状态下仅显示功能区，工具栏全部隐藏。

（一）打开工具栏

打开工具栏有两种方式。

☛ 在"快速访问工具栏"上右击，在弹出的快捷菜单中选择"工具栏" ⇨ "AutoCAD" ⇨选择要显示的工具栏如图 2-7 所示。

☛ 选择"菜单浏览器"或"菜单栏" ⇨ "工具" ⇨ "工具栏" ⇨ "AutoCAD" ⇨选择要显示的工具栏。

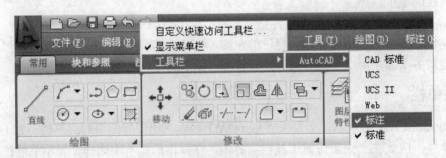

图 2-7　调用工具栏

（二）移动和锁定工具栏

将鼠标置于工具栏上没有命令按钮的位置，按住左键再拖动，就可以将工具栏移到自己想放的位置。

工具栏的可移动性给用户带来了方便，但有时会因为误操作，而将工具栏拖离自己放置的位置，所以软件提供了锁定工具栏的功能，锁定工具栏以后，工具栏就不可以任意移动，有以下三种锁定方式。

1. 左键单击界面右下角的锁定图标，从弹出菜单中选择"全部"⇨"锁定"命令，如图 2-8 所示。

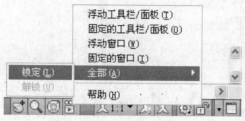

图 2-8　锁定工具栏

2. 在任意工具栏上右击，从弹出菜单中选择"锁定位置"⇨"全部"⇨"锁定"命令。
3. 从菜单浏览器或菜单栏中选择"窗口"⇨"锁定位置"⇨"全部"⇨"锁定"命令。

四、绘图区

绘图区位于屏幕空白区域，是供用户绘图的平台，AutoCAD 为每个文件提供单独的图形窗口，所以每个文件都有着自己的绘图区。绘图区左下角有一个用户坐标系（User Coordinate System，UCS），当把鼠标移动至绘图区后，光标即会变成带有正方小框的十字光标"⊕"，主要用于指定和选择对象。

在 AutoCAD 2009 中，系统默认的绘图区原色为白色，根据个人习惯，绘图区原色可以自由设定。下面将绘图区颜色设置成"黑色"，其操作如下：

1. 打开"选项"对话框。
2. 单击"显示"选项卡，再单击"颜色"按钮，在弹出的"图形窗口颜色"对话框中，在"颜色"下拉列表中选择"黑"，如图 2-9 所示，然后单击"应用并关闭"按钮，即可看到绘图区的颜色由原来的颜色变为黑色了。

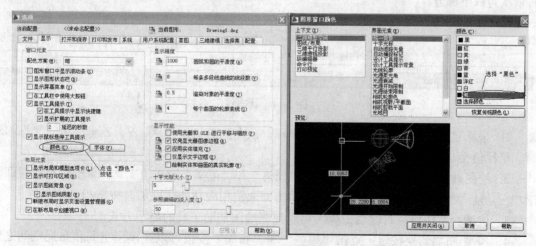

图 2-9　置绘图区颜色

五、命令行

命令行位于绘图区的下方，包括命令记录区和命令输入区，如图2-1所示。

在命令记录区记录有 AutoCAD 启动后执行过的所有命令记录，如果想快速查看所有命令记录，可以按 F2 功能键打开 AutoCAD 文本窗口，如图2-10所示。

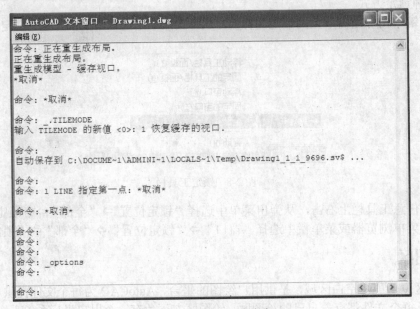

图2-10　AutoCAD 文本窗口

AutoCAD 的所有命令都可以通过在命令输入区输入命令来执行，它不但是命令输入的地方，也是输入参数的地方。

六、状态栏

状态栏位于界面的最底端，主要用于显示当前光标的坐标、辅助工具和常用工具。AutoCAD 2009 增强了状态栏的功能，包含了更多的常用控制按钮，如图2-11所示，从左到右依次为以下部分。

图2-11　状态栏

1. 坐标显示区显示光标所在位置的坐标，从左到右依次为 X、Y、Z 坐标值，光标移动时，坐标值会自动更新。

2. 绘图辅助工具：提供了"捕捉"、"栅格"和"正交"等9项工具，单击每个按钮即激活相应功能（激时按钮相应变亮），再次单击即取消相应功能（取消时按钮相应变灰色）。

3. 快速特性按钮：右键点击，可以控制绘图辅助工具的显示方式。

4. 模型\布局切换按钮：点击"模型"和"布局"按钮可以在模型空间和布局空间之间切换。

5．快速查看工具：可以查看打开的图形和布局，并在其间切换。

6．导航工具：包括"平移"、"缩放"、SteeringWheel 和 ShowMotion 按钮。单击 SteeringWheel 按钮将弹出一个控制盘，如图 2-12(a) 所示，控制盘上的每个按钮代表一种导航工具。单击 ShowMotion 按钮，将弹出动画播放控制菜单，如图 2-12(b) 所示。

(a) 控制盘　　　　(b) 动画播放控制菜单

图 2-12　导航工具

7．注释工具：该部分按钮用于控制图形中注释的对象。

8．工作空间：在本章一开始做了介绍，请查看图 2-1。

9．锁定工具栏：用于锁定工具栏。

10．全屏显示：点击此按钮即可隐藏一切工具，仅显示标题栏、绘图区、命令窗口和状态栏。

另外，在状态栏的空白区域，单击鼠标右键会弹出"状态栏菜单"，如图 2-13 所示，在些菜单中可以设置状态栏的显示对象及方式。

图 2-13　状态栏菜单

提示　　鼠标左键单击坐标显示区，则呈灰度显示，固定当前坐标值，坐标值不随光标的移动而改变，只有在绘图区单击某个点才会转变成显示单击点的坐标，鼠标左键再次单击坐标显示区，则恢复原来的属性。

七、功能区

功能区是 AutoCAD 2009 新增的功能之一，系统默认放置于绘图区上，功能区是和工作空间相关的，不同工作空间功能区内的面板和控件不尽相同。功能区为当前工作空间相关的操作界面提供了一个单一简洁的放置区域，绘图时无需显示多个工具栏，因为它由若干个选项卡组成，每个选项卡又有若干个面板组成，面板上放置了和面板名称相关的工具按钮，它几乎包含了绘图中常用的所有命令，效果如图 2-14 所示。

单击"◢"的地方会弹出相关的面板

图 2-14 "二维草图与注释"工作空间的功能区

用户可以根据绘图的实际需要，将面板展开，也可以单击"最小化为面板标题"按钮将其最小化，如图 2-15(a) 所示；还可再单击"最小化为选项卡"按钮，则显示为图 2-15(b) 。

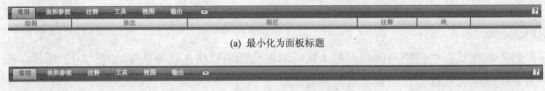

(a) 最小化为面板标题

(b) 最小化为选项卡

图 2-15 最小化功能区面板

功能区可以水平显示、垂直显示或显示为浮动选项板。默认情况下，功能区水平显示在绘图区上方。用户可以选项卡标题单击鼠标右键，从弹出的快捷菜单中，可以控制显示方式。

第二节 AutoCAD 2009 命令操作方式介绍

用户在绘图中要执行某一个命令，AutoCAD 2009 为了方便用户，提供了执行某一个命令的多种办法。在执行某一个命令时，需要输入数据时，一般可以采用动态输入和命令行输入。而且用户如果遇到困难可以使用信息中心的搜索功能来查找信息解决问题。

一、命令的输入

在 AutoCAD 2009 中，执行命令主要通过命令行、菜单、功能区面板和工具栏启动三种方式。几种方式可以同时并行使用，但是不管采用哪种方式执行命令，命令记录区都将显示执行过的所有命令。

（一）使用命令行执行命令

通过在命令输入区输入命令方式绘图是最快捷的绘图方式。对于熟悉的用户都用此方式绘图，因为这样可以大大提高绘图速度。

输入命令的方法：在命令提示区单击鼠标左键，在"命令："后面输入相应的命令，按"Enter"键执行该命令。它的格式如下：

命令提示信息 or［备选项 1/备选项 2/……/备选项 n］＜默认值＞：（用户输入命令或参数）（回车）。

以"CIRCLE"命令来介绍命令输入的基本格式，操作步骤如下：

命令：CIRCLE　　　　　　　　　　　　　　　　　✓ // 执行画圆命令

指定圆的圆心或 [三点（3P）/两点（2P）/切点、切点、半径（T）]：2000，1000

　　　　　　　　　　　　　　　✓ // 在绘图区选择所绘圆的圆心或输入圆心坐标

指定圆的半径或 [直径（D）] <150.0000>：200　　　✓ // 输入圆的半径为 200

在执行命令过程中，系统会提示用户进行下一步的操作，命令格式中的各种符号含义如下。

1．"或"表示将首选项和备选项分开。

2．"[ ]"表示其中的内容是备选项。

3．"/"用于分开各备选项。

4．"（ ）"中的值是用户选择执行该选项时需输入的内容。

5．"< >"中的值是当前系统的默认值或是上次操作使用的值。若在这类提示下，按 ENTER 键，则采用"<>"内的值并执行命令。

6．"动态输入"功能指在绘图中鼠标光标附近看到的相关操作信息，在开启的情况下，可以直接在动态命令框中输入数据或命令。

提示

　　1．对于一些重复操作的命令，巧妙地利用默认值输入，可以大大减少输入工作量。

　　2．很多命令都有"命令简写"，输入命令时只要输入"命令简写"就好了，如"CIRCLE"的命令简写为"C"，这样将大大地提高输入速度。

（二）使用菜单行执行命令

AutoCAD 2009 共有 11 个菜单，每个菜单的命令都有某种共性，操作起来非常方便。例如要绘制矩形，可选择"绘制" ➪ "矩形"命令，如图 2-16 所示。

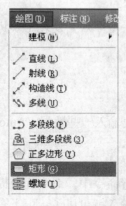

图 2-16　利用菜单选择"矩形"命令

（三）使用功能区面板执行命令

AutoCAD 2009 新增的功能区包含有"常用"、"块和参照"、"注释"、"工具"、"视图"、"输出"共六个选项卡，几乎包括了日常使用的所有功能。使用功能区绘图，操作起来效率较高。例如要绘制矩形，可选择"常用"选项卡 ➪ "绘图"面板 ➪ "矩形"命令图标，如图

2-17 所示。

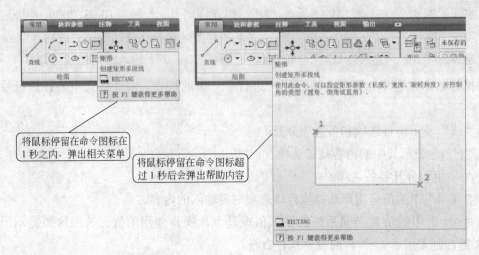

图 2-17 利用功能区选择"矩形"命令

（四）使用工具栏执行命令

在绘图中，大部分的命令都可以通过工具栏来执行，AutoCAD 2009 一共提供了 35 个工具栏，使用时只要点击要使用的命令图标就可以了，图 2-18 为绘图工具栏和标注工具栏。

图 2-18 绘图工具栏和标注工具栏

提示　在绘图中，如执行某一命令后，发现无须执行此命令，可按"Esc"键即可退出该命令。

二、数据输入

在执行命令过程中，一般都需要输入一些数据，AutoCAD 主要有两种方法，一种是通过命令行输入，另一种是使用动态输入。

（一）通过命令行输入

当关闭动态输入功能时，在执行命令中，命令行会提示用户输入数据，比如坐标、长度和角度等，此时用户只要按照提示输入就可以了。由于有了动态输入功能，命令行的作用有所减少。

（二）使用动态输入

启用"动态输入"时，光标附近提供了一个命令界面，显示相关信息提示用户输入相应信息完成绘图。

打开或关闭动态输入有两种方法。

☛ 单击状态栏的"动态输入"按钮 ╈。

☛ 按F12快捷键。

"动态输入"有三个组件：指针输入、标注输入和动态提示，如图2-19所示的是绘制圆弧的提示信息。动态输入可以通过"草图设置"对话框中的"动态输入"选项卡进行设置。

1. 指针输入

当启用指针输入且有命令在执行时，"指针输入"将在光标附近的动态提示中显示坐标。这些坐标随着光标的移动自动更新，并可以直接输入坐标值，在两个坐标值之间切换用"Tab"键。

2. 标注输入

当启用指针输入且有命令在执行时，如图2-19指定圆弧的端点时，工具栏提示显示角度值。工具栏提示中的值将随着光标移动而改变。

3. 动态提示

启用动态提示后，命令行的提示信息将在光标处显示。用户可以直接在工具栏提示中直接输入响应。按"↓"键可以查看和选择选项，按"↑"键可以显示最近的输入。

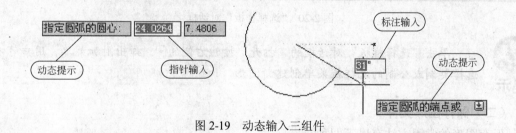

图2-19　动态输入三组件

提示　　动态输入不会取代命令窗口，可以隐藏命令窗口以增加绘图屏幕区域，但是在有些操作中还是需要显示命令窗口。

三、文件管理

（一）新建图形文件

新建图形的常用方法有四种。

☛ 选择"文件"⇨"新建"命令。

☛ 单击快速访问工具栏中的"新建"按钮 ▢。

☛ 命令行输入：NEW。

☛ 快捷键：Ctrl+N

使用以上任一方法，都会打开"选择样板"对话框，如图2-20所示。打开对话框后，系统自动定位到样板文件，用户只要在样板文件中选择合适的样板，单击"打开"按钮即可。

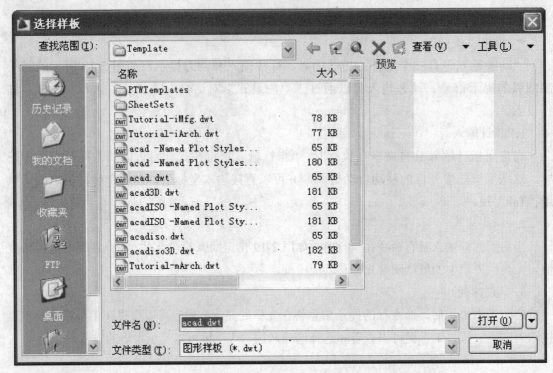

图 2-20 "选择样板"对话框

提示

　　单击"选择样板"对话框的"打开"按钮右侧的▾，弹出附加菜单，用户可以选择英制或公制的无样板菜单创建新图形。

（二）保存图形文件

保存图形的常用方法有以下四种。

- ☞ 选择"文件"➭"保存"命令
- ☞ 单击快速访问工具栏中的"保存"按钮▢。
- ☞ 命令行输入：SAVE。
- ☞ 快捷键：Ctrl+S

　　如果保存的文件是第一次保存在当前文件夹，则弹出图 2-21 "图形另存为"对话框，可选择合适的路径和输入名称保存当前文件。如果不是第一次保存在当前文件夹，则 SAVE 命令将直接以原名称保存文件。

提示

　　1. 如果文件要另外保存，可以选择"图形另存为"命令。
　　2. 在"菜单浏览器"➭"选项"命令，弹出的"选项"对话框，在"打开和保存"选项卡中可以进行有关保存的设定。

四、获取帮助

　　在 CAD 软件中，系统提供了相关功能使用方法的完整处，用户可以通过帮助窗口和即时帮助菜单获取这些信息。

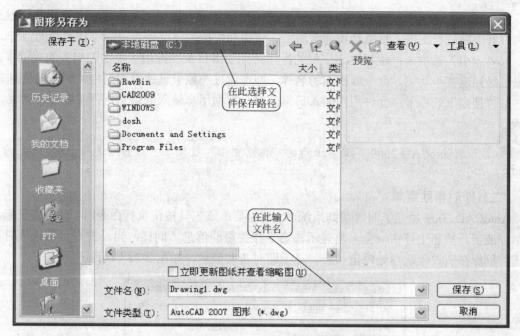

图 2-21 "图形另存为"对话框

（一）帮助窗口

打开帮助窗口的常用方法有以下四种。

- 选择"菜单浏览器" ⇨ "帮助"命令
- 在菜单栏中选择"帮助"命令。
- 命令行输入：HELP。
- 功能键：F1。

帮助窗口如图 2-22 所示，包含"目录"、"索引"和"搜索" 3 个选项卡，各种选项提供不同的帮助信息提供方式，这些选项卡的作用分别如下所述。

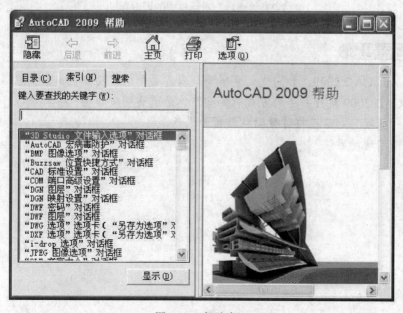

图 2-22 帮助窗口

17

1．"目录"选项卡：以主题和次主题列表的形式显示可用文档的概述，允许用户通过选择和打开主题进行浏览。目录结构非常清晰，使用户快捷的定位到自己想寻找的帮助信息。

2．"索引"选项卡：根据文字字母的次序排列与"目录"选项卡中主题相关的关键字，如果已经知道某个功能、命令或操作的名称，即可通过选项卡迅速查询到相关的帮助信息。

3．"搜索"选项卡：允许用户输入日常信息，根据用户输入的信息进行主题分级列表。

提示　AutoCAD 2009 界面右上角的"信息中心"提供了"搜索"选项卡的功能。

（二）即时帮助菜单

AutoCAD 2009 加强了即时帮助系统，当使用菜单或工具按钮执行命令时，只需将鼠标在菜单项或工具按钮上停留一会，将显示该命令相关帮助信息。同样，当设置对话框选项时，只需将鼠标在所设置选项处停留一会，显示即时帮助信息，如图 2-23 所示。

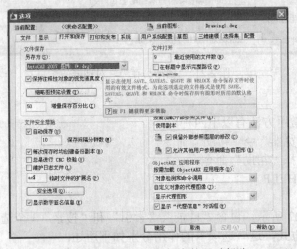

图 2-23　"选项"对话框中的即时帮助

复习思考题

1．打开 AutoCAD 2009，如同找到菜单浏览器、菜单栏、功能区、工具栏等？

2．AutoCAD 2009 执行命令的方式有哪些？你知道透明命令吗？

3．通过"选项"对话框将背景颜色设置为黑色。

4．如何使用帮助系统？

第三章　绘图环境设置与精确绘图

🔍 学习指南

　　绘图环境是开始绘图前提前设置好的绘图平台，是决定能否快速、精确绘制图样的关键设置。熟悉绘图环境中图形单位选取、图形界线设定、新图层建立与管理等方面的基本操作；掌握精确绘图中"捕捉"、"栅格"、"正交"、"极轴"、"对象捕捉"、"对象追踪"、"动态输入"、"缩放"等常用辅助绘图工具的设置方式与使用方法。

第一节　绘图环境设置

　　图形单位是在设计中采用的数据记数格式，创建的所有图形对象的测量结果都是根据设置的记数格式显示的。

　　图形界限是指绘图的区域，相当于手工制图时图纸的选择。在 AutoCAD 中绘图通常都是按照 1:1 比例进行的，因此图形界限的设置一般和实际尺寸相对应，这样可以直观看到实际的设计效果，并能准确计算面积、体积和其他物理特性。

一、图形单位设置

　　设置图形单位的方法有以下三种。

- 功能区：选择"工具"选项卡⇨"图形实用程序"面板⇨"单位"按钮 。
- 菜单：选择"格式"⇨"单位"命令。
- 命令行输入：UNITS（UN）。

　　执行命令后，系统将弹出"图形单位"对话框，如图 3-1 所示。

　　在这个对话框中包括长度记数格式、角度计数格式、插入时的缩放单位、光源以及坐标方向的选项设置。

（一）长度单位

　　该区域用于设置长度单位的类型和精度，它包括如下内容。

　　类型——该下拉列表框中列出了长度单位的五种制式，见表 3-1。

　　精度——该下拉列表框中列出了各种绘图精度，用户可以选择一种作为当前绘图精度。

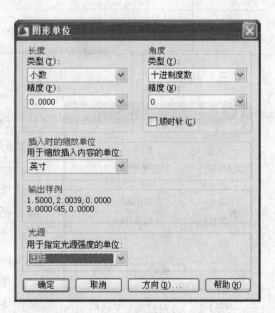

图 3-1　"图形单位"对话框

表 3-1　长度单位表示形式

单位制式	精度	举例	单位含义
小数	0.00	8.88	我国工程界普遍采用的十进制表示方式
工程	0′ −0.0″	7′ −2.3″	英尺与十进制英寸表示方式，其绘图单位为英寸
建筑	0′ −0 1/4″	0′ −0 1/4″	欧美建筑业常用格式，其绘图单位为英寸
分数	0 1/8	8 5/8	分数表示方式
科学	0.000E+01	2.008E+05	科学计数法

提示　　　这里设置的图形单位并非是设置图形的实际度量单位，而只是设置了一种数据的计数格式。

插入比例——"用于插入内容的单位"下拉列表框中，可以对当前图形被引用到其他图形中的单位做一个指定；当和其他图形相互引用时，AutoCAD 会自动地在两种图形单位间进行换算。

（二）角度单位

该区域用于设置角度单位的类型和精度，它包括如下内容。

类型——该下拉列表框中列出了角度单位的五种制式，见表 3-2。

精度——该下拉列表框中列出了角度的各种绘图精度。

顺时针——该复选框用来设置角度测量方向。通常情况下采用逆时针方向为正向度量方式，若选该选项，则以正时针方向为正。

表 3-2　角度单位表示形式

单位制式	精度	举例	单位含义
十进制度数	0.00	66.66	我国工程界普遍采用的十进制表示方式
度/分/秒	0d00′ 00″	43d30′ 0″	用 d 表示度，′ 表示分，″ 表示秒
百分度	0.0g	50.8g	十进制数表示梯度，以小写 g 为后缀
弧度	0.0r	0.8r	十进制数，以小写 r 为后缀
勘测单位	N0d00′ 00″ E	N44d30′ 0″ ES35 d30′ 0″ W	该例表示北偏东44.5°，勘测角度表示从南(S)北 (N) 到东 (E) 西(W)的角度，其值总是小于90°，大于0°

（三）其他

图 3-2　"方向控制"对话框

"插入时的缩放单位"下拉列表框用于控制插入到当前图形中的块和图形的测量单位。如果块或图形创建时使用的单位与该选项指定的单位不同，则在插入这些块或图形时，将对其按比例缩放。插入比例是源块或图形使用的单位与目标图形使用的单位之比。如果插入块时不按指定单位缩放，可以选择"无单位"。

"光源"下拉列表框用于选择当前图形中控制光源强度的测量单位。

单击**方向**(D)...按钮将弹出"方向控制"对话框，如图 3-2 所示，用于方向指定测量角度的方向。

二、绘图界限设置

设置图形单位的方法有以下两种。

- ☞ 选择"格式" ➪ "图形界限"。
- ☞ 命令行输入：LIMITS。

执行命令后，命令行提示如下：

命令：LIMITS ✓   // 重新设置模型空间界限
指定左下角点或 [开（ON）/关（OFF）] <0.0000，0.0000>：0，0
                                           ✓ // 设置绘图区域左下角坐标
指定右上角点 <420.0000，297.0000>：297，210 ✓   // 设置绘图区域右上角坐标

由左下角和右上角所确定的矩形区域为图形界限，它决定了能显示栅格的绘图区域。通常不改变图形界限左下角的位置，只需给出右上角的坐标。

提示

1. 当绘图界限检查功能设置为"ON"时，如果输入或拾取的点超出绘图界限，则操作将无法进行。

2. 当绘图界限检查功能设置为"OFF"时，绘制图形不受绘图范围的限制。

三、图层设置

在 AutoCAD 中，图层是用于组织管理图形对象的主要工具，可以使用图层按功能组织信息以及执行线型、颜色、线宽和其他标准。

用户可以将图层想像成一叠没有厚度的透明纸，将具有不同特性的对象分别置于不同的图层上，然后将这些图层按同一基准点对齐，就可得到一幅完整的图形。

（一）图层特性管理器

AutoCAD 2009 通过"图层特性管理器"管理图层，打开图形特性管理器的方法有四种。

- ☞ 功能区："常用"选项卡 ➪ "图层"面板 ➪ "图层特性"按钮。
- ☞ 菜单：选择"格式" ➪ "图层"命令。
- ☞ 图层工具栏：单击"图层特性管理器"按钮。
- ☞ 命令行输入：LAYER（LA）。

命令执行后，弹出"图层特性管理器"对话框，如图 3-3 所示。

对话框中包括了新建特性管理器、新建组过滤器等按钮，将鼠标在各按钮上方悬停，将会弹出窗口显示该按钮的功能，如图 3-3 中"新建特性过滤器"按钮。

"图层特性管理器"对话框分两个窗格，左边是"树状图"，右边是"列表视图"窗格。

1. "树状图"窗格中显示图形中图层和组过滤器的层次结构列表。"全部"下的"使用的所有图层"显示图形中的所有图层，而"组过滤器"中只显示本组的图层。可以通过"树状图"窗格中的选项很好的管理图层。

2. "列表视图"窗空格显示图层及其特性和说明，可以在该窗口添加、删除和重命名图层，修改图层特性或添加说明等。

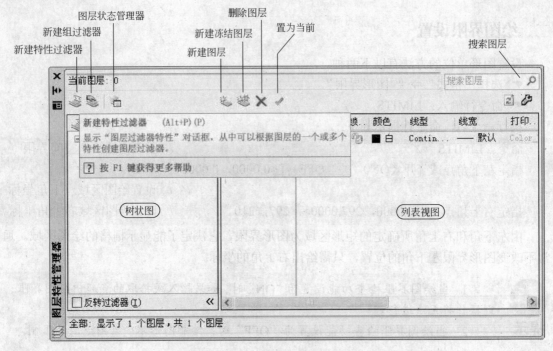

图 3-3 "图层特性管理器"对话框

提示　将光标移至对话框右侧的边框上，点击左键可以拖到对话框的位置。

（二）新建图层

创建图层时，用户应该考虑好这个图层的对象，对象一般为设计概念上相关的一组对象，如标注、粗实线或文字等，那么在绘图中，用户对相关的一组对象将可以进行统一的管理。

在"图层特性管理器"对话框中单击"新建图层"按钮，在列表视图窗格创建一个新图层，默认名为"图层 1"，其他的图层特性与上一个图层相同，如图 3-4 所示。多次单击"新建图层"按钮可以创建多个新图层。

图 3-4　创建图层

创建图层之后，应该对图层的各个特性进行设置，以发挥图层的作用，下面详细讲述图层名、颜色、线型和线宽等特性的设置。

提示　一个图形中往往包含有不同性质的对象，绘图中为了便于识别和编辑，往往创建许多图层，将不同性质的对象在相应特性图层上绘制。

1. 更改图层名

在"图层特性管理器"对话框中的列表视图中选择所需的图层，单击要更改图层的名称，输入图层的新名称，然后回车就可以了（图层的名称应根据行业标准，而且要便于识别和记忆）。

2．设置图层颜色

为了便于识别不同的图层，可以为每个图层设置不同的颜色。方法如下：

（1）在"图层特性管理器"对话框中的图层列表中选择所需的图层。

（2）单击选定图层的"颜色"特性，打开"选择颜色"对话框（见图 3-5）。AutoCAD 提供了索引颜色、真彩色和配色系统三个颜色选项卡用于设置颜色。

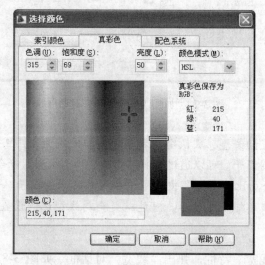

图 3-5 "选择颜色"对话框

（3）在相应颜色选项卡中，选定颜色后，单击"确定"按钮，颜色设置就完成了。

3．设置图层线型

选择要设置线型的相应图层，单击选定图层的"线型"特性，弹出"选择线型"对话框如图 3-6 所示，系统默认线型是 Continuous（连续线型）。

如果线型列表中没有所需的线型，可以单击"加载"按钮，打开"加载或重载线型"对话框，如图 3-7 所示。对话框中列出了 acad.lin 线型库提供的标准线型文件，可以一次加载多个线型。例如，首先单击 CENTER，然后按住 CTRL，再单击 DASHEDT 和 HIDDEN 等线型，即可加载多个线型文件列于[选择线型]对话框中。

在"选择线型"对话框中的线型列表中选择所需线型，单击"确定"按钮。

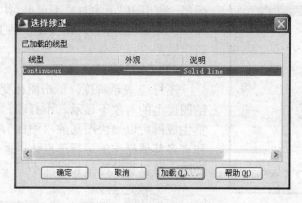

图 3-6 "选择线型"对话框

23

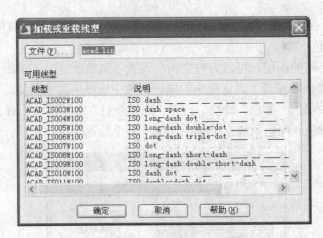

图 3-7 "加载或重载线型"对话框

提示　图层中设置的线型，默认全局和单个线型比例为 1。但一般应设置全局线型比例等于绘图比例因子。可以通过选择"格式"⇨"线型"命令，打开"线型管理器"对话框，在"全局比例因子"文本框中输入新的比例因子。为什么在绘图中，有时虚线或细点划线不能正常显示，可能就是全局线型比例设置不合适引起的。

4. 设置图层线宽

单击选定图层的"线宽"特性，弹出"线宽"对话框，如图 3-8 所示，在线宽列表中选择相应线宽，单击"确定"按钮，退出对话框。

将鼠标移至 AutoCAD 状态栏"显示/隐藏线宽"按钮，点击鼠标右键，打开"线宽设置"对话框，可以调整线宽的设置。

5. 设置图层其它特性

一个图层除了上述的四个特性外，还包括了图层状态、冻结、锁定、打印样式和说明等特性，见图 3-4 列表窗格中的各列，通过单击图层对应列上的图标可设置这样图层的特性。各图层的特性如下。

（1）打开/关闭

通过设置"打开/关闭"状态可以控制图层是否可见和是否打印。

图标💡表示图层为打开，单击图标为💡时表示关闭图层。关闭图层上的对象不可见，并且不能打印即使（"打印"选项是打开的）。切换图层的开/关状态时，不会重新生成图形。

（2）冻结/解冻

图标○表示解冻，单击图标变为❄时表示冻结。冻结图层上的对象不显示、不打印、不消隐、不渲染和不重生成；可以加快图形的"缩放"、"平移"、"重生成"和许多其他操作的运行速度，因此在绘制和编辑复杂图形时，可以暂时冻结长时间不需显示的图层。

（3）锁定/解锁

图标🔓表示图层处于解锁状态，单击图标变为🔒时

图 3-8 "线宽"对话框

表示锁定图层。锁定图层的对象可见，但不能进行编辑。

（4）打印

图标 🖨 表示可以打印图层上的对象，单击图标变为 🖨 时则禁止打印该图层上的对象。无论如何设置"打印"设置，都不会打印处于关闭或冻结状态的图层。

（5）打印样式

用于更改与选定图层关联的打印样式。单击打印样式可以显示"选择打印样式"对话框。

（6）新视口冻结

用于冻结新创建视口中的图层。

在功能区，选择"常用"选项卡➪"图层"面板，如图 3-9 所示，图层面板上包含有打开、关闭冻结、解冻、锁定、解锁等图层特性按钮。

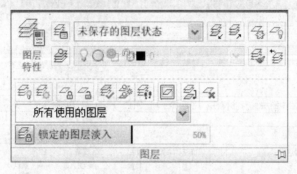

图 3-9　功能区"图层"面板

提示　通过"图层"工具栏的图层控制按钮，可以控制图层上的对象是否可见、是否可以打印及是否可以修改。

（三）图层的管理

1. 图层的排序

在作图中，当图层很多时，有时需要对图层进行排序，以方便定位所需图层，提高效率。

在"图层特性管理器"中的"列表视图"窗格中，例如单击列标题"名称"，所有图层则按图层名字母的升序或降序排列，如图 3-10 所示。

2. 当前图层

当要在某个图层上进行绘图时，就需将该图层切换为"当前图层"，否则绘制的图形对象就会在其他图层，置为当前的图层将显示在图层面板的"应用的过滤器"下拉列表框中。设置当前图层有如下方法。

☞ 单击"应用过滤器"下拉列表框，选择所需图层。

☞ 选择已经绘制好的某一对象，单击功能区"图层"面板上的"置为当前"按钮 🖉，则可将该对象所在的图层置为当前图层。

☞ 在"图层特性管理器"对话框的列表视图窗口中选择某一图层，然后单击"置为当前"按钮 ✅。

3. 图层特性过滤器和图层组过滤器的使用

如果图纸图层较少，可以在图层列表或

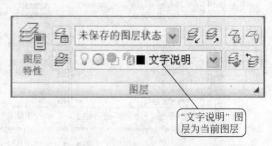

"文字说明"图层为当前图层

图 3-10　"应用过滤器"下拉列表框

"应用过滤器"下拉列表框中很容易地找到某一图层，但当图纸的图层较多时，要找到某个图层就变得困难了，这时就要使用图层过滤器。图层过滤器可以控制图层特性管理器和"图层"面板中"应用过滤器"下拉列表框中显示的图层。利用它可以仅显示要处理的图层，方便用户很快地找到所需图层。AutoCAD 2009 中含有图层特性过滤器和图层组过滤器。

图层特性过滤器是用于过滤具有相同名称或其他特性相同的图层，满足条件的图层将会在这个过滤器中，方便用户组织管理。

打开"图层特性管理器"后，单击"新建特性过滤器"按钮 ![按钮] （见图 3-3），将弹出"图层特性过滤器"对话框，通过它设置过滤特性，并新建过滤器，比如新建一个图层颜色为"黄色的过滤器，命名为"黄色图层组"，如图 3-11 所示。

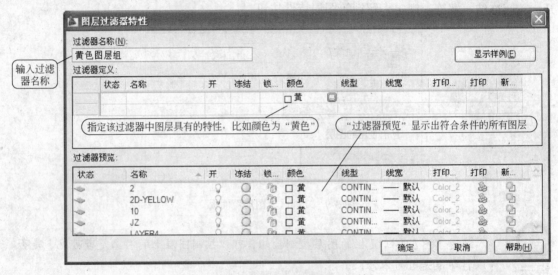

图 3-11 "图层特性过滤器"对话框

图层组过滤器是用户将指定的图层划入图层组过滤器，而不是基于图层的名称或特性，只需将选定的图层拖到组过滤器，就可以把图层添加到相应的组过滤器。打开后，单击"新建组过滤器"按钮 ![按钮] （见图 3-3），将会创建图层组过滤器，显示在"图层特性管理器"树状图中，默认的名称为"组过滤器 n"，单击可输入新的名称。在右边的列表视图中选定图层后将其拖到组过滤器，即可将该图层添加到这个组过滤器，如图 3-12 所示。

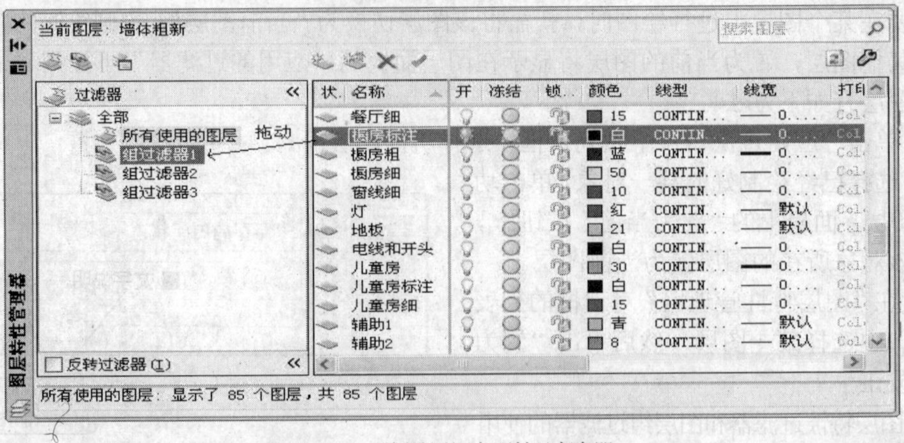

图 3-12 将图层添加到组过滤器

"图层特性管理器"对话框下方的"反转过滤器"复选框,打钩表示列表视图中显示与过滤器设置相反的图层。

"图层"面板中"应用过滤器"下拉列表框中显示的图层与列表视图中显示的图层一样。

4. 图层转换

在实际工作中,可能由于每个公司或个人绘制的图形的图层标准不一样,造成图形文件不符合客户定义的标准。这时,就可以使用图层转换器将图形文件的图层转换成客户的标准。实际上,这种功能就是将当前图形中使用的图层映射到其他图层,然后使用这种映射转换当前图层。

打开"图层转换器"的常用方法有以下三种。

☞ 功能区:"工具"选项卡⇨"标准"面板⇨"图层转换器"按钮。

☞ 菜单:选择"工具"⇨"CAD标准"⇨"图层转换器"命令。

☞ 命令行输入:LAYTRANS。

执行命令后,打开"图层转换器"对话框,如图3-13所示。

图3-13 "图层转换器"对话框

当要进行图层转换时,在"转换自"列表框选择要被转换的图层,在"转换自"列表框选择要转换成目标对象的图层,然后单击 映射(M) 按钮,在"图层转换映射"文本框中显示转换后的图层特性,检查没有问题后单击"转换"按钮。如果未保存当前图层转换映射,程序将在转换开始之前提示保存。

5. 图层匹配

图层匹配就是将选定对象的图层更改为目标图层。

调用"图层匹配"的常用方法有以下三种。

☞ 功能区:"常用"选项卡⇨"图层"面板⇨"图层匹配"按钮。

☞ 菜单:选择"格式"⇨"图层工具"⇨"图层匹配"命令。

☞ 运行命令:LAYMCH。

执行"图层匹配"命令时,命令行会提示"选择要更改的对象或[名称(N)]",选择好后,按ENTER键,命令行会提示"选择目标图层上的对象或[名称(N)]",选择好后,按Enter键,完成操作。

提示 　　选择要转换图层的对象，然后在"应用过滤器"下拉列表框中选择要转换的目标图层，然后按 Enter 或 Esc 键，也可以达到图层匹配的目的。

6. 图层漫游与图层隔离

"图层漫游"用于动态显示图层，而不能对图层上的对象做任何操作。调用"图层匹配"的常用方法有以下三种。

- ☛ 功能区："常用"选项卡 ⇨ "图层"面板 ⇨ "图层漫游"按钮 。
- ☛ 菜单：选择"格式" ⇨ "图层工具" ⇨ "图层漫游"命令。
- ☛ 命令行输入：LAYWALK。

执行命令后，将弹出"图层漫游"对话框，如图 3-14 所示。对话框列出了图形中所有的图层，选择其中的图层即可对它们进行漫游。或者单击其中的选择对象按钮 ，直接在绘图区选择漫游图层。单击"关闭"按钮退出层漫游。

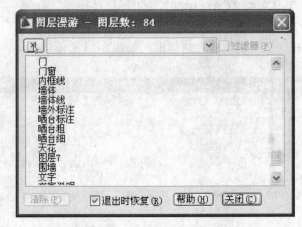

图 3-14 "图层漫游"对话框

图层隔离用于隐藏或锁定除选定对象所在图层外的所有图层，被隔离的图层不能做任何操作，直到解除隔离。

调用"图层匹配"的常用方法有以下三种。

- ☛ 功能区："常用"选项卡 ⇨ "图层"面板 ⇨ "隔离"按钮 。
- ☛ 选择"格式" ⇨ "图层工具" ⇨ "图层隔离"命令。
- ☛ 命令行输入：LAYISO。

执行命令后，用鼠标拾取一个或多个对象后，按 Enter 键，根据当前设置，除选定对象所在图层之外的所有图层均被隐藏或锁定。

第二节　精确绘图工具

AutoCAD 绘图一般都是精确绘图，那么在绘图过程中，就需要对对象进行精确定位，虽然输入点的坐标值可以精确地定位，但是坐标值的计算和输入往往是很不方便的。而 AutoCAD 提供的精确绘图工具可以让大部分的坐标输入工作移到鼠标的单击上来，可以精确地定位所绘制对象之间的位置和连接关系，可以显著地提高绘图效率。

AutoCAD 2009 精确绘图工具主要包括栅格和捕捉、正交、对象捕捉、自动追踪、动态输入等。

一、栅格和捕捉

在 AutoCAD 中可以显示并捕捉矩形栅格，还可以进行设置。栅格是按照设置的间距显示在图形区域中的点，它能提供直观的距离和位置参照，类似于坐标纸中的方格的作用。捕捉则使光标只能停留在图形中指定的点上，两者一般需配合使用，为了方便绘图，可将栅格间距设置为捕捉间距的倍数。

打开或关闭栅格的常用方法有以下两种。

- 单击状态栏"栅格"按钮▦。
- 按快捷键 F7。

打开或关闭捕捉模式的常用方法有以下两种。

- 单击状态栏"捕捉"按钮▦。
- 按快捷键 F9。

在状态栏中单击鼠标右键，在弹出的快捷菜单中选择"设置"命令，在弹出的"草图设置"对话框中，选择"捕捉和栅格"选项卡，如图 3-15 所示。

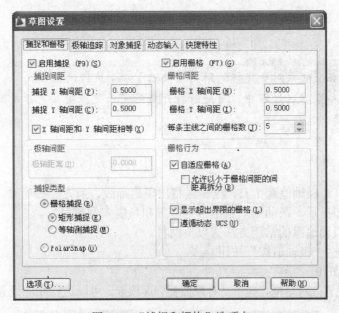

图 3-15 "捕捉和栅格"选项卡

在"捕捉间距"选项组和"栅格间距"选项组中，用户可以设置捕捉和栅格的距离。"捕捉间距"选项组中的"捕捉 X 轴间距"和"捕捉 Y 轴间距"文本框可以分别设置捕捉在 X 方向和 Y 方向的捕捉间距，"X 轴间距和 Y 轴间距相等"复选框可以设置 X 和 Y 方向的间距相等。"栅格间距"选项组中的"栅格 X 轴间距"和"栅格 Y 轴间距"文本框可以分别设置栅格在 X 方向和 Y 方向的显示间距。

在"捕捉类型"选项组中，提供了"栅格捕捉"和"PolarSnap"两种类型，并且"栅格捕捉"类型中包含了"矩形捕捉"和"等轴测捕捉"两种样式。"矩形捕捉"是指捕捉矩形栅格上的点，即捕捉正交方向上的点。"等轴测捕捉"用于将光标与三个等轴测轴中的两个轴对齐，并显示栅格。PolarSnap（极轴捕捉）是一种相对捕捉，需与"极轴追踪"一起使用，当两者均打开时，光标将沿"极轴追踪"选项卡上相对于极轴追踪起点设置的极轴对齐角度进行捕捉。

二、正交

正交模式可以将光标限制在水平和垂直方向上移动，以便于精确的创建和修改对象。

打开或关闭正交模式的常用方法有以下两种。

☞ 单击状态栏"正交"按钮 。

☞ 按快捷键 F8。

打开正交模式后，移动光标时，不管是水平轴还是垂直轴，哪个离光标最近，拖引线将沿着该轴移动。正交模式非常适合绘制水平或垂直的线。当绘制众多正交直线时，通常要打开"正交"辅助工具。如图 3-16 所示，在绘制直线时，如果不打开正交模式，可以通过指定 A 点和 B 点绘制一条斜线，如图 3-16(a) 所示，但如果打开正交模式，将绘制水平方向的直线，如图 3-16(b) 所示。

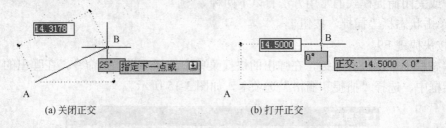

(a) 关闭正交　　　　　　　　　(b) 打开正交

图 3-16　使用"正交模式"绘制直线

1. 正交模式对于光标的限制仅仅限于命令执行过程中。

2. 命令执行过程中，可随时打开或关闭正交，输入坐标或使用对象捕捉时将忽略正交。

三、极轴追踪

在绘图中，打开极轴追踪工具，绘图区将出现追踪线，当光标移动时，如果接近极轴角，将显示对齐路径和提示，帮助用户精确确定位置和角度来创建对象。

打开或关闭极轴追踪的常用方法有以下两种。

☞ 单击状态栏"极轴追踪"按钮 。

☞ 按快捷键 F10。

打开"草图设置"对话框，选中"对象捕捉"选项卡，可以进行相应设置，如图 3-17 所示。

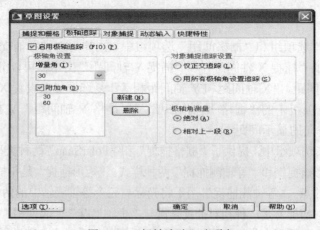

图 3-17　"极轴追踪"选项卡

"极轴追踪"选项卡各选项的含义如下。

"**增量角**"下拉列表框：用来选择极轴追踪对齐路径的角度增量，在绘图过程中所追踪的极轴角度将为此角度的倍数。

"**附加角**"复选框：在设置增量角后，仍有一些角度不等于增量角的倍数，对于这些特定的角度值，用户可以单击"新建"按钮，添加需要的角度，使追踪的角度更加全面（最多只能添加十个附加角度）。

"**绝对**"复选框：极轴角绝对测量模式，选择些模式后，系统将以当前坐标系下的 X 轴为起始轴计算出所追踪到的角度。

"**相对上一段**"复选框：极轴角度相对测量模式。选择此模式后，系统将以上一个创建的对象为起始轴计算出所追踪到的相对于些对象的角度。

四、对象捕捉与对象追踪

对象捕捉和对象追踪都是对象特征点的精确定位工具。对象捕捉可以捕捉对象的特征点，而对象捕捉追踪，可以沿着对象捕捉点的对齐路径进行追踪。使用它们可以快速而准确的捕捉到对象上的一些特征点或者相应的由特征点偏移出来的一系列点。

（一）使用对象捕捉

打开或关闭对象捕捉的常用方法有以下两种。

☛ 单击状态栏"对象捕捉"按钮□。

☛ 按快捷键 F3。

绘制图形时，当光标移到某个对象的特征点捕捉位置时，光标将显示特定的标记和提示，如图 3-18 分别为捕捉到直线中点和圆的圆心。

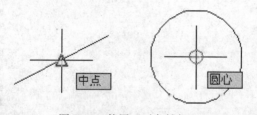

图 3-18　使用"对象捕捉"

打开"草图设置"对话框，选中"对象捕捉"选项卡，可以进行相应设置，如图 3-19 所示。在"对象捕捉模式"设置区域中，列出了执行对象捕捉时可以捕捉的特征点，各个复选框前的图标是该特征点的对象捕捉标记，当捕捉到相应点时，光标就会变成相应的捕捉标记。在绘图中，需要对某些点进行捕捉时就在复选框中打钩，然后单击"确定"按钮。

AutoCAD 2009 还提供了"对象捕捉"工具栏和"对象捕捉"快捷菜单，以方便绘图。"对象捕捉"工具栏的调用和其他工具栏的调用方式一样，如图 3-20(a) 所示。"对象捕捉"快捷菜单是在命令行提示指定某个点时，按住 Shift 键后在绘图区右击鼠标就会弹出，如图 3-20(b) 所示。它们与"草图设置"对话框中"对象捕捉"选项卡不同，每次中能选择其中一个特征点按钮，并且绘图区只捕捉选择的特征点，而不会选择捕捉其他点，所以它们一般在对象特征点分布比较密集，打开对象捕捉后捕捉的不一定是用户需要的特征点时才使用。

（二）使用对象追踪

打开或关闭对象捕捉的常用方法有以下两种。

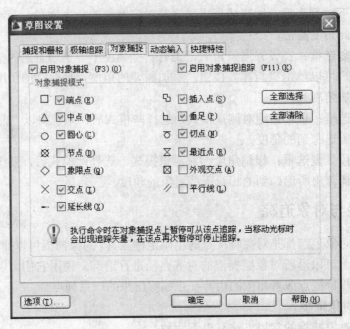

图 3-19 "对象捕捉"选项卡

(a) 工具栏   (b) 快捷菜单

图 3-20 "对象捕捉"工具栏和快捷菜单

☞ 单击状态栏"对象捕捉"按钮。

☞ 按快捷键 F3。

　　该功能帮助用户按照指定的角度或按照与其他对象的特定关系绘制图形。对象追踪经常与对象捕捉功能联合使用,临时对齐路径可以以精确的位置和角度创建对象。

在"选项"对话框的"草图"选项卡中，可以对象捕捉和对象追踪的相关选项，包括设置标记、磁吸的打开和关闭等。

五、动态输入

启用动态输入功能后，工具栏提示将在光标附近显示命令行出现的相关绘图信息，且该信息会随着光标移动而动态更新，用户可以在工具栏提示中直接输入数据或进行提示的操作，而不必在命令行中进行输入，不仅可以帮助用户专注于绘图区域，还可提高绘图效率。

打开或关闭动态输入的常用方法有以下两种。

☞ 单击状态栏"动态输入"按钮 ╈。
☞ 按快捷键 F12。

动态输入由动态提示、指针输入和标注输入三个组件组成。图 3-21 是绘制圆时显示的动态输入信息。

图 3-21 "动态输入"三组件

打开"草图设置"对话框，选中"动态输入"选项卡，可以进行相应设置，如图 3-22 所示。

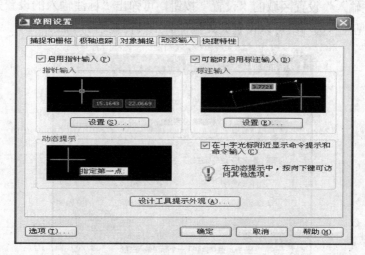

图 3-22 "动态输入"选项卡

（一）指针输入

如果选中"启用指针输入"复选框，当有命令在执行时，将在光标附近的工具栏提示中显示坐标。用户可以在工具栏提示中输入坐标值，而不用在命令行中输入。

输入坐标时，按 Tab 键可以在两个坐标值之间切换。在指定点时，第一个坐标是绝对坐标，第二个或下一个点是相对极坐标，如果要输入绝对坐标，则需在值前加上前缀"#"符号。

单击"指针输入"设置区域的"设置"按钮，可弹出"指针输入设置"对话框，如图 3-23 所示。"格式"选项组可以设置指针输入时第二个点或者后续点的默认格式，"可见性"选项组可以设置在什么情况下显示坐标工具栏。

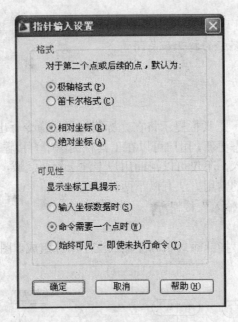

图 3-23 "指针输入设置"对话框

（二）标注输入

如果选中"可能时启用标注输入"复选框，当命令提示输入第二点时，工具栏提示将显示距离和角度值。

单击"标注输入"设置区域的"设置"按钮，可弹出"标注输入的设置"对话框，如图 3-24 所示。"可见性"选项组可以设置夹点拉伸时工具栏显示的字段。

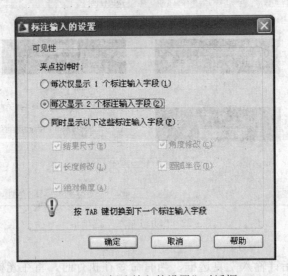

图 3-24 "标注输入的设置"对话框

（三）动态提示

如果选中"在十字光标附近显示命令提示和命令输入"复选框，命令行的提示信息将在光标处显示。如果包含多个选项，用户可以直接在工具栏提示下输入响应，并且按下箭头键"↓"可以查看和选择选项。按上箭头键"↑"可以显示最近的输入。

六、平移

"平移"在不改变屏幕缩放比例及绘图极限的条件下，可以快速移动、重新定位对象，以便不同方位观察图形，比使用屏幕滚动条更为方便。

（一）实时平移

实时平移是使用频率极高的一个辅助工具。执行实时平移命令的常用方法有四种。

- ☛ 单击"状态栏"中的"实时平移"按钮 。
- ☛ 功能区：选择"常用"选项卡⇨"实用程序"面板⇨"实时平移"按钮 。
- ☛ 选择"菜单浏览器"⇨"视图"⇨单击"平移"命令。
- ☛ 命令行输入：PAN（P）。

命令激活后，绘图区图标立即变为 ，按住鼠标左键拖动，即可移动图形；在右键快捷菜单上选择"退出"命令或按键盘的"Esc"键或"Enter"键退出，图形即被重新定位。

（二）平移的其他方式

选择"菜单浏览器"⇨"视图"⇨"平移"命令，展开如图 3-25 所示的菜单，分别说明如下：

定点：指定两点来移动屏幕中的对象。

左：将屏幕上的对象向左移动一定距离。

右：将屏幕上的图样向右移动一定距离。

上：将屏幕上的图样向上移动一定距离。

下：将屏幕上的图样向下移动一定距离。

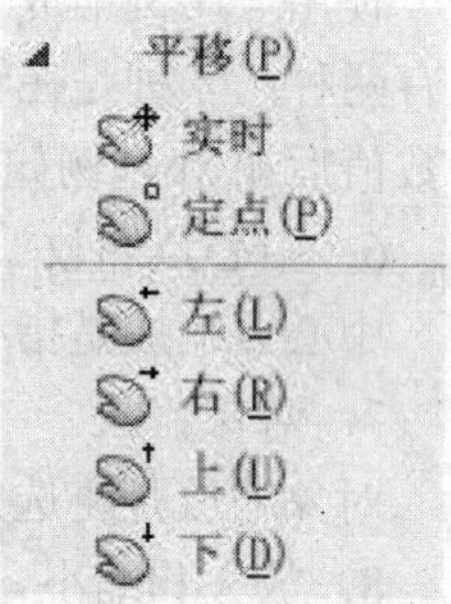

图 3-25 "平移"子菜单

七、视图缩放

在绘图过程中，常常遇到图样的大小在屏幕上显示不合适的情况，这时就需要改变图样的显示大小或位置。ZOOM 命令可以放大和缩小图形，如同使用带有变焦镜头的照相机一样将图形拉近（放大）或推远（缩小）。这种缩放不改变图形的大小，只是改变图形与屏幕的显示比例。在绘图窗口中既能综观全局又能洞察局部，提高了绘图速度。

执行 ZOOM 命令的常用方法如下所述。

- ☛ 单击"状态栏"中的"缩放"按钮 。
- ☛ 功能区：选择"常用"选项卡⇨"实用程序"面板⇨"缩放"按钮 。
- ☛ 选择"菜单浏览器"⇨"视图"⇨"缩放"命令。
- ☛ 把鼠标放在"快速访问工具栏"上，单击右键，在弹出的菜单中点击"缩放"，绘图界面上就会弹出"缩放"工具栏，如图 3-26 所示，可以在"缩放"工具栏上选择缩放命令。
- ☛ 从命令行输入：ZOOM（Z）。

图 3-26 "缩放"工具栏

在绘图中，缩放图形的方式有很多种，下面将逐一对这些缩放工具的功能和用法进行介绍。

35

1. 实时缩放

"实时缩放"通过向上或向下拖曳鼠标，或者通过滚动鼠标在逻辑范围内交互缩放。这是一种最方便实用的缩放方式。

2. 窗口缩放

"窗口缩放"是由两个角点定义的矩形框窗口框定的区域控制显示的大小，框定的区域将布满整个窗口。

3. 全部缩放和范围缩放

使用"全部缩放"则在当前视口中缩放显示整个图形。使用"范围缩放"将显示图形范围并使所有对象最大显示。

4. 缩放上一个

使用"缩放上一个"可以快速恢复到上一次视图的显示，可以连续单击逐次回退到以前的显示。

5. 比例缩放

使用"比例缩放"命令后，将提示"输入比例因子（nX 或 nXP）："。输入比例因子的方式有两种：一种是在输入数值之后加 x，例如 3x，表示相对于当前图形放大 3 倍。另一种是在数值后加 xp，例如 0.5xp，表示相对于当前图形界限的尺寸缩小一半。

6. 中心点缩放

中心点缩放是指缩放显示的窗口由缩放中心点和缩放比例（或高度）来控制的缩放形式。

7. 对象缩放

对象缩放是将选定的对象缩放到整个视口，并使其位于中心位置的缩放形式。

8. 放大和缩小

单击"放大"按钮，将以当前视口的中心为中心点将图形放大一倍；单击"缩小"按钮，则缩小一半。

提示　平移和缩放都是透明命令，即在其他命令的执行过程中，它们一样可以执行。

复习思考题

1. 新建一个图形文件，绘图前依次设置长度单位精度为 0.00、角度逆时针为正方向、绘制图形不受绘图范围的限制？

2. 新建一个"户型图"图形文件，分别建立墙线图层、门图层、家具图层和窗图层，其中各图层颜色、线型和线宽自己选择？

3. 打开一个已经存盘的 CAD 图形文件，选中部分图形，练习不同缩放工具的使用方法，观察缩放后的效果，说出它们的区别？

第四章　二维图形绘制与编辑

🔍 学习指南

熟悉 AutoCAD 2009 中点、线、圆、圆弧和多边形等简单二维图形对象的绘制过程及各种编辑方法，这些图形是组成复杂图形的基本元素，也是整个 AutoCAD 绘图的基础。掌握字、表格及图案对象填充的使用与编辑过程，以及文字样式、表格样式的创建方法和应用技巧。

第一节　二维图形绘制命令

使用 AutoCAD 2009 绘图时，调用命令的方法很多，通常使用"绘图"工具栏、"绘图"菜单等调用绘图命令或在命令行直接输入。

"绘图"工具栏，鼠标右键点按任意工具栏某一功能按钮，弹出快捷菜单，勾选"绘图"。

"绘图"菜单是绘制图形最基本、常用的方法，其中包含了 AutoCAD 2009 的大部分绘图命令。

一、绘制直线

直线是各种绘图中最常用、最简单的一类图形对象，只要指定了起点和终点就可以绘制一条直线。启动方式有以下三种。

☛ 菜单：选择"绘图" ⇨ "直线"命令。

☛ 绘图工具栏：按钮 ╱。

☛ 命令行输入：LINE（L）。

◆**操作方式**：指定直线起点后，依次指定所要绘制直线的下一点，绘制单条直线或连续绘制多条直线。

【示例4-1】 绘制直线 AB 和 BC，如图4-1所示。

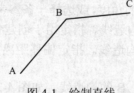

图 4-1　绘制直线

命令：_line 指定第一点：	//绘图区光标拾取 A 点
指定下一点或 [放弃（U）]：	//光标拾取 B 点
指定下一点或 [放弃（U）]：	//光标拾取 C 点
指定下一点或 [闭合（C）/放弃（U）]：	//回车，终止命令
闭合（C）：（连接起点 A 和端点 C）	

二、绘制射线

射线具有单向无穷性，常用来绘制辅助参照线。启动方式有以下两种。

☛ 菜单：选择"绘图"⇨"射线"命令。

☛ 命令行输入：RAY。

◆**操作方式**：指定射线起点及通过点。

【**示例 4-2**】 以节点 A 为端点，过 B 点绘制射线，如图 4-2 所示。

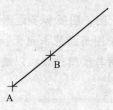

图 4-2　绘制射线

命令：_ray	
指定起点：nod ✓	//拾取节点 A 为射线起点
指定通过点：nod ✓	//拾取节点 B 为射线通过点
指定通过点：	//回车，终止命令

三、绘制构造线

构造线为两端可以无限延伸的直线，没有起点和终点，可以放置在三维空间的任何地方，主要用于绘制辅助线。启动方式有三种。

☛ 菜单：选择"绘图"⇨"构造线"命令。

☛ 绘图工具栏： 按钮╱。

☛ 命令行输入：XLINE（XL）。

◆**操作方式**：指定构造线两个通过点，或指定构造线一个通过点位置再确定构造线角度（水平、垂直或与参照直线成一定角度）。构造线可以使用多种方法指定它的方向。

启用命令后，系统提示：

指定点或[水平（H）/垂直（V）/角度（A）/二等分（B）/偏移（O）]：

其中的各个选项含义如下所示：

水平和垂直：创建一条经过指定点，并且与当前 UCS 的 X 轴或 Y 轴平行的构造线。

角度：指定与当前 UCS 的 X 轴的角度，或选择一条参考线并指定构造线与该直线的角度。

二等分：创建二等分指定角的构造线。指定用于创建角度的顶点和直线。

偏移：创建平行于指定基线的构造线。指定偏移距离，选择基线，然后指明构造线位于基线的哪一侧。

【**示例 4-3**】 绘制经过节点 A、B 的构造线，如图 4-3 所示。

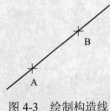

图 4-3　绘制构造线

命令：_xline

指定点或 [水平（H）/垂直（V）/角度（A）/二等分（B）/偏移（O）]：nod ✓//绘图
区拾取节点 A 为构造线通过点

水平（H）： // 绘制水平构造性

垂直（V）： // 绘制垂直方向构造性

角度（A）： // 绘制一定角度构造线

二等分（B）： // 绘制某个角度的平分线为构造线

偏移（O）： // 绘制以某条直线为基准而离其一定距离的构造线

指定通过点： // 绘图区拾取节点 B 为构造线通过点

指定通过点： // 回车，终止命令

四、绘制多线

多线是由平行的线段元素组成的，又称为多行。利用多线命
令可以绘制平行的线段，并能设置线条的颜色、宽度、线型等。
通过选择菜单"格式"⇨"多线样式"命令，可以创建、修改、
保存和加载多线样式，以及控制元素的数目和每个元素的特性。
启动方式有两种。

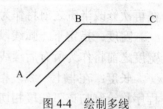

图 4-4 绘制多线

- ☛ 菜单：选择"绘图"⇨"多线"命令。
- ☛ 命令行输入：MLINE（ML）。
- ◆操作方式：多线命令的使用和一般直线命令的使用非常类似，指定多线的起点和端点，
系统将按设置好的对正方式、比例、样式自动绘制出多线。

【示例 4-4】 绘制如图 4-4 所示多线。

命令：_mline

当前设置：对正=上，比例 = 20.00，样式 = STANDARD

指定起点或 [对正（J）/比例（S）/样式（ST）]： //绘图区拾取 A 点为多线起点

对正（J）：（设置多线对正方式）

比例（S）：（设置多线绘图比例）

样式（ST）：（设置多线样式）

指定下一点： //绘图区拾取 B 点

指定下一点或 [放弃（U）]： //绘图区拾取 C 点

指定下一点或 [闭合（C）/放弃（U）]： //回车，终止命令

闭合（C）：（连接起点 A 和端点 C）

五、绘制多段线

多段线是作为单个对象创建的相互连接的序列线段，可以创建直线段、弧线段或两者的
组合线段，也可以创建有宽度的直线段。启动方式有三种。

- ☛ 菜单：选择"绘图"⇨"多段线"命令。
- ☛ 绘图工具栏：按钮 ⤳。
- ☛ 命令行输入：PLINE（PL）。
- ◆操作方式：分段指定组成多段线各直线和圆弧的起点和端点，在其过程中可改变线段

起点和端点宽度。

启动命令后，系统提示：

指定下一个点或[圆弧（A）/半宽（H）/长度（L）/放弃（U）/宽度（W）]：

其中，各个选项的功能如下所示。

下一点：将与前一点连接以绘制一条直线段。

圆弧：将弧线段添加到多段线中。选择圆弧选项后，系统提示：

指定圆弧的端点或[角度（A）/圆心（CE）/闭合（CL）/方向（D）/半宽（H）/直线（L）/半径（R）/第二个点（S）/放弃（U）/宽度（W）]：

其中"**角度**"用于指定弧线段从起点开始的包含角；"**圆弧的端点**"用于指定端点并绘制弧线段；"**圆心**"用于指定弧线段的圆心；"**半径**"用于指定弧线段的半径；"**闭合**"用于从指定的最后一点到起点绘制弧线段，从而创建闭合的多段线；"**方向**"是指定弧线段的起始方向。

半宽：指定从多段线中心到其一边的宽度。起点半宽将成为默认的端点半宽，端点半宽在再次修改半宽之前将作为所有后续线段的统一半宽。

宽度：指定下一弧线段的宽度。起点宽度将成为默认的端点宽度，端点宽度在再次修改宽度之前将作为所有后续线段的统一宽度。

长度：在与上一线段相同的角度方向上绘制指定长度的直线段。如果上一线段是圆弧，程序将绘制与该弧线段相切的新直线段。

放弃：删除最近一次添加到多段线上的直线段。

【示例 4-5】 绘制如图 4-5 所示多段线。

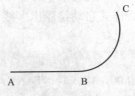

图 4-5　绘制多段线

```
命令：_pline
指定起点：//绘图区拾取多段线起点 A
当前线宽为 3.0000
指定下一个点或 [圆弧（A）/半宽（H）/长度（L）/放弃（U）/宽度（W）]：w
                              //选择"宽度（W）"选项

圆弧（A）：开始绘制圆弧
半宽（H）：设置多段线半宽度
长度（L）：输入多段线
放弃（U）：放弃上一条命令
宽度（W）：设置多段线宽度
指定起点宽度 <3.0000>：1              //输入起点宽度
指定端点宽度 <1.0000>：3              //输入端点宽度
指定下一个点或 [圆弧（A）/半宽（H）/长度（L）/放弃（U）/宽度（W）]：
                              //绘图区拾取 B 点
指定下一点或 [圆弧（A）/闭合（C）/半宽（H）/长度（L）/放弃（U）/宽度（W）]：a
```

//选择"圆弧（A）"选项

指定圆弧的端点或[角度（A）/圆心（CE）/闭合（CL）/方向（D）/半宽（H）/直线（L）/半径（R）/第二个点（S）/放弃（U）/宽度（W）]： //绘图区拾取 C 点

指定圆弧的端点或[角度（A）/圆心（CE）/闭合（CL）/方向（D）/半宽（H）/直线（L）/半径（R）/第二个点（S）/放弃（U）/宽度（W）]： //回车，终止命令

 说明

绘制的多段线是一个整体，使用分解命令分解后可转化为基本的直线、圆弧等图元。

六、绘制矩形

在 AutoCAD 中，使用矩形命令可以创建矩形形状的闭合多段线。启动方式如下。

☞ 菜单：选择"绘图" ⇨ "矩形"命令。

☞ 绘图工具栏：按钮 ▭。

☞ 命令行输入：RECTANG

◆**操作方式**：指定矩形两个角点位置，确定矩形位置和大小，当需要绘制倒角或圆角的矩形时，同时需要指定第一个倒角距离、第二个倒角距离或圆角的大小。

命令行中各个选项的含义如下所示：

第一个角点：指定矩形的一个角点。指定后命令行提示"指定另一个角点或[面积（A）/标注（D）/旋转（R）:"，"另一个角点"用来使用指定的点作为对角点创建矩形。

倒角：设置矩形的倒角距离。选择后，系统将提示"指定矩形的第一个倒角距离"和"指定矩形的第二个倒角距离:"，指定距离后按 Enter 键即可。

圆角：指定矩形的圆角半径。

宽度：为所绘制的矩形指定多段线的宽度。

标高：指定矩形的标高。

厚度：指定矩形的厚度。

【**示例 4-6**】 绘制如图 4-6 所示圆角矩形。

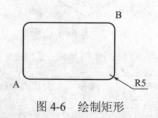

图 4-6 绘制矩形

命令：_rectang

指定第一个角点或 [倒角（C）/标高（E）/圆角（F）/厚度（T）/宽度（W）]： f

//选择"圆角（F）"选项

指定矩形的圆角半径 <0.0000>：5 //输入圆角半径

指定第一个角点或 [倒角（C）/标高（E）/圆角（F）/厚度（T）/宽度（W）]：

//绘图区拾取 A 点位置

倒角（C）：指定矩形各顶点倒角大小

标高（E）：设置矩形所在平面标高，用于绘制三维图形

圆角（F）：设置矩形各顶点倒圆角半径
厚度（T）：设置矩形厚度，用于绘制三维图形
宽度（W）：设置矩形多段线宽度
指定另一个角点或 [面积（A）/尺寸（D）/旋转（R）]：@100，60 //相对直角坐标输入 B 点位置
面积（A）：按输入的面积及边长绘制矩形
尺寸（D）：输入矩形的长宽尺寸创建矩形
旋转（R）：将矩形旋转一点角度

 说明

绘制的矩形是一个整体，使用分解（explode）命令分解后可转为基本的直线或圆弧。

七、绘制正多边形

正多边形命令可以快速创建闭合的等边多段线。创建多边形是绘制等边三角形、正方形、五边形、六边形等的简单方法。启动方式如下。

☛ **菜单**：选择"绘图" ⇨ "正多边形"命令。
☛ **绘图工具栏**：按钮 ⬠。
☛ **命令行输入**：POLYGON（POL）。

◆**操作方式**：输入了多边形的边数后，确定多边形位置及尺寸。命令行提示中各个选项的含义如下所示。

☛ **内接于圆**：指定外接圆的半径，正多边形的所有顶点都在此圆周上。
☛ **外切于圆**：指定从正多边形中心到各边中点的距离，作为指定圆的半径。

【示例 4-7】 以 A 点为正六边形中心，绘制图形，如图 4-7 所示。

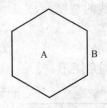

图 4-7 绘制多边形

命令：_polygon
输入边的数目 <4>：6   //输入正多边形边数
指定正多边形的中心点或 [边（E）]：   //绘图区拾取正多边形中心点位置 A
边（E）：指定多边形某个边两个端点的位置
输入选项 [内接于圆（I）/外切于圆（C）] <I>：c //选择"外切于圆（C）"选项
内接于圆（I）：指定多边形内接于圆的大小
指定圆的半径：   //输入外切于圆的半径

 说明

绘制的多边形是一个整体，使用分解命令分解后可称为基本的直线；指定圆半径相同的

情况下，内接于圆的多边形比外切于圆的正多边形小。

八、绘制圆

在 AutoCAD 中，可以通过指定圆心、半径、直径、圆周上的点和其他对象上的点等多种不同的组合方法绘制圆，系统的默认方法是指定圆心和半径绘制圆。启动方式如下。

- ☞ 菜单：选择"绘图"⇨"圆"（选择"圆"二级菜单中的不同选项以不同的方式绘制圆）。
- ☞ 绘图工具栏：按钮⊚。
- ☞ 命令行输入：CIRCLE（C）。
- ◆**操作方式**：默认的画圆的方式是指定圆心位置，然后再输入圆的直径或半径；还可采用其他画圆方式，如指定圆上的任意三点或指定圆直径上的两点等。命令行中各个选项的含义如下所示。
- ☞ 三点：指依次输入圆上的三个点，由此绘制出一个圆。
- ☞ 两点：依次输入圆上的两个点，由该两点连线为直径绘制圆。
- ☞ 切点、切点、半径：依次指定相切两个对象上的点和半径，画出与两对象相切的圆。

【示例 4-8】 以 A 点为圆心，绘制如图 4-8 所示圆。

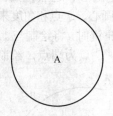

图 4-8 绘制圆

```
命令：_circle
指定圆的圆心或 [三点（3P）/两点（2P）/切点、切点、半径（T）]：
                                    //绘图区拾取圆心位置 A
三点（3P）：指定圆上任意 3 点
两点（2P）：指定圆直径的两个端点
相切、相切、半径（T）：选取和圆相切的两个对象，然后指定圆的半径
指定圆的半径或 [直径（D）]：50          //输入圆的半径
直径（D）：输入圆的直径，确定圆的大小
```

说明

在下拉式菜单中还有一种"相切、相切、相切"的绘圆方式，需指定和圆相切的三个对象。

九、绘制圆弧

在 AutoCAD 中，可以通过指定圆心、半径、直径、起点、端点、圆周上点的不同组合方法来创建圆弧，系统的默认方法是三点确定圆弧。启动方式如下。

- ☞ 菜单：选择"绘图"⇨"圆弧"命令。
- ☞ 绘图工具栏：按钮⌒。
- ☞ 命令窗口：ARC。
- ◆**操作方式**：默认绘制圆弧的方式为指定圆弧起点、经过点及端点。绘制圆弧，可以指

定圆心、端点、起点、半径、角度、弦长和方向值的各种组合形式，具体方法如下所示。

- 三点法：依次指定起点、圆弧上的一点和端点来绘制圆弧。
- 起点、圆心、端点：依次指定起点、圆心和端点来绘制圆弧。
- 起点、圆心、角度：依次指定起点、圆心和角度来绘制圆弧，其中圆心角逆时针方向为正。
- 起点、圆心、长度：基于起点和终点之间的直线距离绘制劣弧和优弧。弦长为正值，将从起点逆时针绘制劣弧；为负值时将逆时针绘制优弧。
- 起点、端点、角度：依次指定起点、端点和圆心角来绘制圆弧，其中圆心角逆时针方向为正。按指定的包含角从起点向终点逆时针绘制圆弧。如果角度为负，将顺时针绘制圆弧。
- 起点、端点、方向：依次指定起点、端点和切线方向来绘制圆弧。向起点和端点的上方移动光标将绘制上凸的圆弧，向下方移动光标将绘制下凸的圆弧。
- 起点、端点、半径：依次指定起点、端点和圆弧半径来绘制圆弧。如果半径为正，将绘制一条劣弧，反之为优弧。
- 圆心、起点、端点：依次指定圆心、起点和端点来绘制圆弧。
- 圆心、起点、长度：依次指定圆心、起点、弦长绘制圆弧。
- 圆心、起点、角度：依次指定圆心、起点和角度来绘制圆弧，其中角度逆时针方向为正。
- 继续：在第一个提示下按 Enter 键时，将绘制与上一条直线、圆弧或多段线相切的圆弧。

【示例 4-9】 以 A 点为起点，以 C 点为端点，绘制如图 4-9 所示圆弧。

图 4-9 绘制圆弧

```
命令：_arc
指定圆弧的起点或 [圆心（C）]：                    //绘图区光标拾取 A，圆弧起点
圆心（C）：指定圆弧圆心
指定圆弧的第二个点或 [圆心（C）/端点（E）]：      //光标拾取 B，指定圆弧经过点
圆心（C）：指定圆弧圆心
端点（E）：指定圆弧端点
指定圆弧的端点：                                //绘图区光标拾取 C，圆弧端点
```

 说明

在下拉式菜单中还有其他绘制圆弧的方式。

十、绘制圆环

圆环是填充环或实体填充圆，是带有宽度的闭合多段线。启动方式如下。

- 菜单：选择"绘图" ⇨ "圆环"命令。
- 命令行输入：DONUT。
- **操作方式**：输入圆环的内外径后指定圆环中心位置。

【**示例4-10**】 以 A 点为圆心，绘制如图 4-10 所示圆环。

图 4-10　绘制圆环

命令：_donut
指定圆环的内径 <0.5000>：50　　　　　　　　　　//输入圆环内径
指定圆环的外径 <1.0000>：80　　　　　　　　　　//输入圆环外径
指定圆环的中心点或 <退出>：　　　　　　　　　　//绘图区拾取圆环中心点 A
指定圆环的中心点或 <退出>：　　　　　　　　　　//回车，终止命令

　　绘制的圆环是个整体，使用分解（explode）命令将其分解后，转变为直径为圆环内外径平均数的一个圆。圆环内部的填充方式取决于 FILL 命令的当前设置。当 FILL 命令为"开"，圆环为实体填充；当 FILL 命令为"关"时，圆环空白或为线条。

十一、绘制椭圆

　　椭圆由定义其长度和宽度的两条轴决定。椭圆的几何元素包括圆心、长轴和短轴，绘制椭圆时并不区分长轴和短轴的次序。启动方式如下。

- 菜单：选择"绘图" ⇨ "椭圆"命令。
- 工具栏：按钮 ⬯ 。
- 命令行输入：ELLIPSE。

◆**操作方式**：启动椭圆命令后，AutoCAD 提供了如下所述的两种绘制椭圆的方法。

- 轴、端点法：先指定两个点来确定椭圆的一条轴，再指定另一条轴的端点（或半径）来绘制椭圆。其中，系统提示的"指定另一条半轴长度或[旋转（R）]："各个选项的含义如下所示。

　　"另一条半轴长度"指使用从第一条轴的中点到第二条轴的端点的距离定义第二条轴。选择"旋转"选项后的"指定绕长轴旋转的角度："指定点或输入一个小于 90 的正角度值。输入的值越大，椭圆的离心率就越大，输入"O"将定义圆。

- 中心点法：分别指定椭圆的中心点、第一条轴的一个端点和第二条轴的一个端点来绘制椭圆。

【**示例4-11**】 以 A、B 为椭圆长轴的两个端点，绘制如图 4-11 所示椭圆。

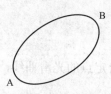

图 4-11　绘制椭圆

> 命令：_ellipse
> 指定椭圆的轴端点或 [圆弧（A）/中心点（C）]：//绘图区拾取椭圆长轴的一个端点 A
> 圆弧（A）：绘制椭圆弧。先画一个完整的椭圆，然后系统提示用户确定椭圆弧的起始角度和终止角度
> 中心点（C）：指定椭圆中心点位置
> 指定轴的另一个端点：　　　　　　　　　//绘图区拾取椭圆长轴的另一个端点 B
> 指定另一条半轴长度或 [旋转（R）]：　　　　//绘图区拾取确定椭圆另外一条短轴长度
> 旋转（R）：短轴的长度由长轴旋转一定角度形成

十二、绘制椭圆弧

椭圆弧是椭圆的一部分，可以看做是椭圆命令的子命令。启动方式如下。

- ☞ 菜单：选择"绘图"⇨"椭圆"⇨"圆弧"命令。
- ☞ 绘图工具栏：按钮 ○。
- ☞ 命令行输入：ELLIPSE。

◆**操作方式**：绘制出椭圆后，在椭圆上指定椭圆弧的起始角度和终止角度。

【示例 4-12】绘制如图 4-12(b) 所示椭圆弧。

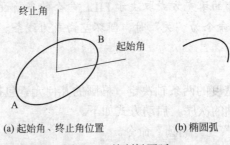

(a) 起始角、终止角位置　　　　　　(b) 椭圆弧

图 4-12　绘制椭圆弧

> 命令：_ellipse
> 指定椭圆的轴端点或 [圆弧（A）/中心点（C）]：_a　//选择"圆弧（A）"选项
> 指定椭圆弧的轴端点或 [中心点（C）]：　　　　//绘图区光标拾取 A，长轴端点
> 指定轴的另一个端点：//绘图区光标拾取 B，长轴另一端点
> 指定另一条半轴长度或 [旋转（R）]：　　　　//光标指定短轴长度
> 指定起始角度或 [参数（P）]：　　　　//绘图区拾取确定椭圆弧起始角位置
> 指定终止角度或 [参数（P）/包含角度（I）]：//绘图区拾取确定椭圆弧终止角位置

 说明

画椭圆命令和画椭圆弧命令相同。

十三、绘制样条曲线

样条曲线是经过或接近一系列给定点的光滑曲线，并可以控制曲线与点的拟合程度。启动方式如下。

- ☞ 菜单：选择"绘图"⇨"样条曲线"命令。

☞ 绘图工具栏: 按钮 ～。

☞ 命令行输入:SPLINE。

◆**操作方式**:通过指定曲线上的各个点位置及起点和端点切线绘制。命令行中各个选项的功能如下所示。

☞ 第一个点和下一点:连续地输入点将增加样条曲线线段,直到按 Enter 键结束。输入 Undo 可以删除上一个指定的点。按 Enter 键后,将提示用户指定样条曲线的起点切向。

☞ 闭合:将最后一点定义为与第一点一致,并使它们在连线处相切,这样可以闭合样条曲线。

☞ 拟合公差:修改拟合当前样条曲线的公差。如果公差设置为 0,则样条曲线通过拟合点,输入大于 0 的公差将使样条曲线在指定的公差范围内通过拟合点。

☞ 起点切向:提示指定样条曲线第一个点的切向。

☞ 端点切向:提示指定样条曲线最后一点的切向。

☞ 对象:将二维或三维的二次或三次样条拟合多段线转换成等效的样条曲线并删除多段线。

【**示例 4-13**】 绘制如图 4-13 所示样条曲线。

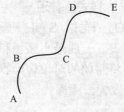

图 4-13 绘制样条曲线

命令:_spline
指定第一个点或 [对象(O)]: //绘图区光标拾取第一点 A
指定下一点: //绘图区光标拾取第二点 B
指定下一点或 [闭合(C)/拟合公差(F)] <起点切向>: //拾取第三点 C
闭合(C):连接起点和端点。
拟合公差(F):控制样条曲线和控制点的接近程度。
指定下一点或 [闭合(C)/拟合公差(F)] <起点切向>: //拾取第四点 D
指定下一点或 [闭合(C)/拟合公差(F)] <起点切向> //拾取第五点 E
指定下一点或 [闭合(C)/拟合公差(F)] <起点切向> //回车,选择"起点切向"选项
指定起点切向: //绘图区光标拾取起点 A 切线方向
指定端点切向: //绘图区光标拾取端点 E 切线方向

十四、绘制修订云线

修订云线是由连续圆弧组成的多段线,主要用于在检查阶段提醒用户注意图形的某个部分。启动方式如下。

☞ 菜单:选择"绘图" ⇨ "修订云线"命令。

☞ 绘图工具栏: 按钮 ⟲。

☞ 命令行输入:REVCLOUD。

◆**操作方式**:指定云线起点后直接在绘图区移动光标即可沿光标移动轨迹按设定的弧长

和样式自动绘制出云线，也可将闭合的曲线转为云线。

命令行中各个选项的功能如下所述。

- 弧长：指定云线中弧线的长度，且最大弧长不能大于最小弧长的3倍。
- 对象：指定要转换为云线的对象，可以转换的对象有圆、椭圆、闭合多段线等。
- 样式：指定修订云线的样式。有"普通"或"手绘"，手绘样式使修订云线看起来像用画笔绘制而成的。

【示例4-14】 绘制如图4-14所示云线。

图4-14 绘制云线

命令：_revcloud
最小弧长：15   最大弧长：15   样式：普通
指定起点或 [弧长（A）/对象（O）/样式（S）]<对象>：   //绘图区光标拾取云线起点A
弧长（A）：   设置云线最小弧长和最大弧长
对象（O）：   将封闭的对象转为修订云线
样式（S）：   设置云线样式
沿云线路径引导十字光标...

修订云线完成。

十五、绘制点

点对象是最简单的图形对象之一，用户只需在屏幕上指定或在命令行输入坐标即可。启动方式如下。

- 菜单：选择"绘图" ➭ "点"命令。
- 绘图工具栏：按钮 · 。
- 命令行输入：POINT。

可在"绘图" ➭ "点"命令的二级菜单中选择不同的绘制节点的方式，如"单点"、"多点"、"定数等分"、"定距等分"。选择"格式" ➭ "点样式"命令可以设置点的大小。

◆操作方式：输入点的坐标或直接在屏幕上拾取；绘制定数等分点或定距离等分点时先选定要等分的对象然后输入等分数或等分距离。

十六、创建边界

边界就是某个封闭区域的轮廓，使用边界命令可以根据封闭区域内的任一指定点来自动分析该区域轮廓，并可通过多段线或面域的形式保存下来。启动方式如下。

- 菜单：选择"绘图" ➭ "边界"命令。
- 命令行输入：BOUNDARY。

◆操作方式：启动命令后，系统弹出"边界创建"对话框，对话框中的各个选项的具体含义如下所示。

- "拾取点"按钮：选择该按钮后，对话框暂时关闭，系统提示"选择内部点"，在要填充的区域内指定点即可。
- "孤岛检测"复选框：控制是否检测内部闭合边界，该边界称为孤岛。
- 对象类型：包括"多段线"和"面域"两个选项，用于指定边界的保存形式。

十七、创建面域

面域是从闭合的图形创建的二维区域闭合多段线、直线和曲线都可转换成面域，面域对象可以进行填充和着色。启动方式如下。

- 菜单：选择"绘图" ⇨ "面域"命令。
- 绘图工具栏：按钮 ◻。
- 命令行输入：REGION（REG）。

◆**操作方式**：调用面域命令后，系统提示用户选择对象，选择对象后系统将找出选择集中所有平面闭合环并分别生成面域对象。面域对象支持布尔运算。

第二节 编 辑 命 令

一、选择

在对图形进行编辑前，首先要选定编辑的对象。当输入一条编辑命令后，AutoCAD 命令窗口提示"选择对象："，光标形状由十字形＋变为小方框 ◻（拾取框），这时可用光标在绘图区通过以下方式选择将要编辑的对象，被选择的对象以虚线形式显示。

（一）拾取框选择

如果只选择一个单独的对象，则只需要用鼠标在该对象上单击即可。如果需要选择多个对象，则使用鼠标在其他对象上继续单击。当新对象被拾取框选择添加到选择集后，该对象变为虚线。

（二）窗口选择

窗口选择（窗选）就是选择对象时，从左上角点向右下角点拖动光标，对象只有完全被矩形区域框中才能被选中，选择框为实线，被选中的对象为虚线。

如图 4-15 所示，以从左到右的窗口选择对象时，完全包含在窗口中的直线 C 被选择。

（三）窗交选择

窗交选择就是选择对象时，从右下角点向左上角点拖动光标，任何在矩形窗口内或与矩形边线相交的对象都被选中。

如图 4-16 所示，以从右到左的窗口选择对象时，完全包含在窗口中的直线 C 及与窗口相交的直线 B 都被选择。

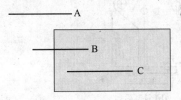

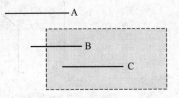

图 4-15　从左到右窗口选择对象　　　　图 4-16　从右到左窗口选择对象

说明

拾取框的大小及对象选择方式可通过下拉菜单"工具"⇨"选项…"中的"选择"选项卡设置；要删除选择集中的对象，可按住 Shift 的同时选择选择集中的对象。

（四）窗围选择

窗围选择就是通过指定一系列的点来定义不规则形状区域以选择对象。使用圈围选择将选中完全封闭于选择区域中的对象。

在命令行提示"选择对象："时，输入"WP"启动圈围选择，再指定定义圈围区域的一系列点，使需要放入选择集中的对象全部被围住，按 Enter 键闭合多边形区域便完成选择。

（五）圈交选择

圈交选择是通过指定一系列点来定义不规则形状区域以选择对象，使用圈交选择将选中围住或与多边形框相交的对象。

在命令行提示"选择对象："时，输入"CP"启动圈交选择，再指定几个圈围点，组成一个能够围住或与需要选择的对象相交的区域，按 Enter 键便完成选择。

（六）栏选

栏选就是通过指定一系列点形成一条选择多段线，并选中与该多段线相交的对象。在复杂图形中，使用栏选较为方便。

在命令行提示"选择对象："时，输入"F"启动栏选，再指定一些点来定义一系列线段，这些线段应与需要选择的对象相交，按 Enter 键便完成选择。

（七）快速选择

通过菜单"工具"⇨"快速选择"命令，可以在整个图形或现有选择集的范围内创建一个选择集，包括或排除符合指定对象类型和对象特性条件的所有对象。同时，用户还可以指定该选择集用于替换当前选择集还是将其附加到当前选择集中。

二、复制

在指定的位置创建原对象的复制图形。启动方式如下。

- ☞ 菜单：选择"修改"⇨"复制"命令。
- ☞ 修改工具栏：按钮✎。
- ☞ 命令行输入：COPY（CO）。
- ☞ 快捷组合键：Ctrl + C。

◆**操作方式**：选定要复制的对象后通过指定基点及第二点位置实现对象复制。

【示例 4-15】 打开图形文件"示例 15（原图）.dwg"，按图 4-17 所示，将左图（a）改为右图（b）。

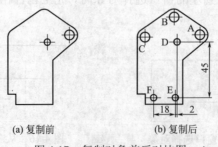

(a) 复制前   (b) 复制后

图 4-17 复制对象前后对比图

（一）复制圆 A 到 B、C 位置

命令：_copy
选择对象：找到 1 个 　　　　　　　　 //绘图区拾取 A 所在的圆
选择对象：
指定基点或 [位移（D）] <位移>：cen ✓ 　　　　　　　　　　　 //捕捉圆心 A 为基点
位移（D）：按输入的位移量复制对象
指定第二个点或 <使用第一个点作为位移>：cen ✓ 　　　　 //捕捉圆弧圆心 B
指定第二个点或 [退出（E）/放弃（U）] <退出>： cen ✓ 　　 //捕捉圆弧圆心 C
指定第二个点或 [退出（E）/放弃（U）] <退出>： 　　　　 //回车，终止命令

（二）复制圆 D 到 E、F 位置

命令：_copy
选择对象：找到 1 个 　//绘图区拾取 D 所在圆
选择对象：
指定基点或 [位移（D）] <位移>： //绘图区光标拾取任意点
指定第二个点或 <使用第一个点作为位移>：@-2，-45 //输入 E 点相对于基点的相对坐标
指定第二个点或 <使用第一个点作为位移>：@-20，-45 //输入 F 点相对于基点的相对坐标
指定第二个点或 [退出（E）/放弃（U）] <退出>： 　　 //回车，终止命令

三、移动

把选定的对象从一个位置移动到另外一个位置。启动方式如下。

- ☞ 菜单：选择"修改" ➡ "移动"命令。
- ☞ 修改工具栏：按钮 ✛。
- ☞ 命令行输入：MOVE（M）。
- ◆**操作方式**：选定要移动的对象后通过指定基点及第二点位置实现对象移动。

　　"移动"操作和"复制"操作非常相似，区别是复制对象后在原来位置仍然保留原来的对象。

四、删除

删除选定的图形对象。启动方式如下。

- ☞ 菜单：选择"修改" ➡ "删除"命令。
- ☞ 修改工具栏： 按钮 ✎。
- ☞ 命令行输入：ERASE（E）。
- ☞ 选择对象后，按 Delete 键。
- ◆**操作方式**：启动删除命令后选择要删除的图形。

五、镜像对象

将选定的图形对象以镜像线为轴进行对称复制。启动方式如下。

☞ 菜单：选择"修改"⇨"镜像"命令。

☞ 修改工具栏：按钮▲。

☞ 命令行输入：MIRROR（ML）。

◆**操作方式**：选择需要镜像的图形对象后，通过指定镜像线第一点和第二点确定镜像后图形位置，操作时可选择保留或删除源对象。

【**示例 4-16**】 打开图形文件"示例 16（原图）.dwg"，按图 4-18 所示，将左图（a）改为右图（b）。

首先，用复制（copy）命令将镜像线左边的圆复制到左边其他位置，如图 4-19 所示。

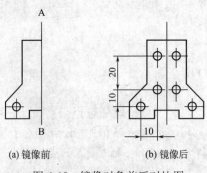

(a) 镜像前　　　　(b) 镜像后

图 4-18　镜像对象前后对比图

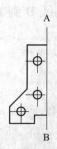

图 4-19　复制对象后图形

命令：_copy

选择对象：指定对角点：找到 3 个

选择对象：

指定基点或 [位移（D）]<位移>：　　　　　　　//绘图区光标拾取任意点为基点

指定第二个点或 <使用第一个点作为位移>：@10，10　　//输入相对坐标

指定第二个点或 [退出（E）/放弃（U）]<退出>：　@10，30　//输入相对坐标

指定第二个点或 [退出（E）/放弃（U）]<退出>：　　　//回车，终止命令之后，

　　　　　　　　　　用镜像（mirror）命令将镜像线左边对象对称复制到右边

命令：_mirror

选择对象：指定对角点：找到 17 个

选择对象：

指定镜像线的第一点：end ✓　　　　　　　　　　//捕捉镜像线端点 A

指定镜像线的第二点：end ✓　　　　　　　　　　//捕捉镜像线端点 B

要删除源对象吗？[是（Y）/否（N）]<N>：　　　　//回车，不删除源对象

六、缩放

将真实的改变选定的图形对象大小，使其按比例增大或缩小。启动方式如下。

☞ 菜单：选择"修改"⇨"缩放"命令。

☞ 修改工具栏：按钮▫。

☞ 命令行输入：SCALE（S）。

◆**操作方式**：指定缩放的基点后，按比例放大或缩小图形，当比例因子大于 1 为放大，比例因子小于 1 为缩小。

【示例4-17】 打开图形文件"示例17（原图）.dwg"，按图4-20所示，将左图（a）改为右图（b）。

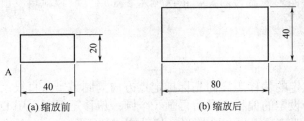

(a) 缩放前 　　　　　　　　 (b) 缩放后

图4-20　缩放对象前后对比图

命令：_scale
选择对象：找到1个　//绘图区拾取要缩放的矩形对象
选择对象：
指定基点：end↙　//捕捉端点A为基点
指定比例因子或 [复制（C）/参照（R）]：2　//输入缩放比例
复制（C）：产生复制的缩放对象
参照（R）：以参照方式缩放对象，依次输入参照长度值和新长度值。缩放比例因子=新长度值/参照长度值

七、旋转

将选中的图形绕指定的基点旋转一定角度。启动方式如下。

- 菜单：选择"修改" ⇨ "旋转"命令。
- 修改工具栏：按钮 ↻。
- 命令行输入：rotate（RO）。

◆操作方式：选择需要旋转的图形，指定旋转基点，输入要旋转的角度。

【示例4-18】 打开图形文件"示例18（原图）.dwg"，按图4-21所示，将左图（a）改为右图（b）。

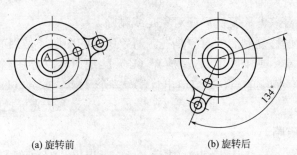

(a) 旋转前 　　　　　　　　 (b) 旋转后

图4-21　旋转对象前后对比图

命令：_rotate
UCS 当前的正角方向：　　ANGDIR=逆时针　ANGBASE=0
选择对象：指定对角点：找到7个　　　　　　　　　　//绘图区拾取旋转对象
选择对象：
指定基点：cen↙　　　　　　　　　　　　　　　　//捕捉圆心A为旋转基点

53

指定旋转角度，或 [复制（C）/参照（R）] <0>： -134   //输入旋转角度

复制（C）：旋转后保留原对象

参照（R）：以参照形式旋转对象，依次输入参照角度值和新角度值。旋转角度=新角度值-参照角度值

八、偏移

偏移直线，以设定的偏移距离向光标指定点方向复制另一条直线；偏移圆，圆心不变，原半径值增加或减少设定的偏移距离后再画一个圆；偏移矩形时，中心不变，原矩形边向光标指定方向移动指定距离后再画一个矩形。启动方式如下。

- ☞ 菜单：选择"修改" ⇨ "偏移"命令。
- ☞ 修改工具栏：按钮 ⊜ 。
- ☞ 命令行输入：OFFSET（O）。

◆操作方式：输入偏移距离，选择偏移对象，光标指定偏移方向。

【示例 4-19】打开图形文件"示例 19（原图）.dwg"，将左图改为右图，如图 4-22 所示。

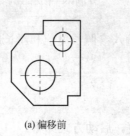

(a) 偏移前   (b) 偏移后

图 4-22　偏移对象前后对比图

首先，用偏移（offset）命令将直线向外偏移 2。

命令：_offset

当前设置：删除源=否　图层=源　OFFSETGAPTYPE=0

指定偏移距离或 [通过（T）/删除（E）/图层（L）] <通过>： 2   //输入偏移距离

通过（T）：指定对象偏移复制后通过的点

删除（E）：设置对象偏移复制后源对象是或删除

图层（L）：设置偏移复制后的对象是在源对象所在的图层还是当前图层

选择要偏移的对象，或 [退出（E）/放弃（U）] <退出>：//绘图区拾取要偏移的对象

指定要偏移的那一侧上的点，或 [退出（E）/多个（M）/放弃（U）] <退出>：

//光标拾取偏移方向侧任意点

······（中间步骤省略）

选择要偏移的对象，或 [退出（E）/放弃（U）] <退出>：//回车，终止命令之后，通过倒角（chamfer）命令完成其他操作，设置倒角距离为 0

······（中间步骤省略）

九、阵列

阵列分为矩形阵列和环形阵列。矩形阵列是将图形对象按行和列的方式多重复制；环形阵列是将图形对象绕指定的环形阵列中心等角度多重复制。启动方式如下。

- 菜单：选择"修改" ⇨ "阵列"命令。
- 修改工具栏：按钮 ⊞。
- 命令行输入：ARRAY（AR）。

◆**操作方式**：启动阵列（array）命令后出现"阵列"对话框，在对话框中选择"矩形阵列"或"环形阵列"选项，在其上设置阵列参数。

【**示例 4-20**】 打开图形文件"示例 20（原图）.dwg"，按图 4-23 所示，将左图（a）改为右图（b）。

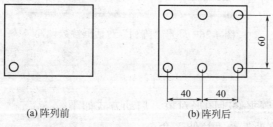

图 4-23 矩形阵列对象前后对比图

> 命令：_array //启动命令后，弹出"阵列"对话框，选择"矩形阵列"选项，在对话框中设置矩形阵列参数如图 4-24 所示，单击"选择对象"按钮，在绘图区光标拾取阵列对象
> 选择对象：找到 1 个 //绘图区光标拾取阵列对象
> 选择对象： //回车，返回"阵列"对话框，单击"确定"按钮，完成矩形阵列

【**示例 4-21**】 打开图形文件"示例 21（原图）.dwg"，按图 4-25 所示，将图（a）改为图（b）。

图 4-24 矩形"阵列"对话框参数设置

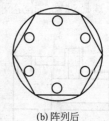

(a) 阵列前　　　　　(b) 阵列后

图 4-25 环形阵列对象前后对比图

> 命令：_array //启动命令后，弹出"阵列"对话框，选择"环形阵列"选项，在对话框中设置环形阵列参数如图 4-26 所示，单击"选择对象"按钮，在绘图区光标拾取阵列对象
> 选择对象：找到 1 个 //绘图区光标拾取阵列对象
> 选择对象： //回车，返回"阵列"对话框，单击"中心点"按钮，显示绘图区
> 指定阵列中心点：cen↙ //捕捉最外面的大圆圆心为环形阵列中心，回车，返回"阵列"
> 　　　　　　　　　对话框，单击"确定"按钮，完成环形阵列

 说明

矩形阵列默认起点是左下角；环形阵列需指定阵列中心。

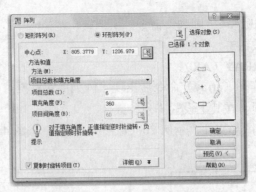

图 4-26 环形"阵列"对话框参数设置

十、拉伸

通过改变端点的位置来修改图形对象。启动方式如下。

☞ 菜单：选择"修改"⇨"拉伸"命令。

☞ 修改工具栏：按钮⬜。

☞ 命令行输入：STRETCH（S）。

◆**操作方式**：启动拉伸命令后，首先以交叉窗口方式选择拉伸对象，然后指定拉伸的距离及方向，凡是在交叉窗口内的图形顶点被移动。

【示例 4-22】 打开图形文件"示例 22（原图）.dwg"，按图 4-27 所示，将左图（a）改为右图（b）。

首先，完成从尺寸 5 到 14 图形顶点拉伸。

命令：_stretch　//以交叉窗口或交叉多边形选择要拉伸的对象…

选择对象：指定对角点：找到 6 个　　//以交叉窗口方式选择拉伸对象，如图 4-28 所示

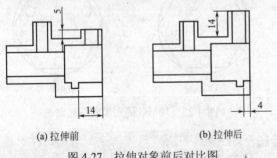

(a) 拉伸前　　　　　　　(b) 拉伸后

图 4-27　拉伸对象前后对比图

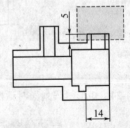

图 4-28　以窗口方式选择要拉伸对象顶点

选择对象：

指定基点或 [位移（D）] <位移>：　　//绘图区光标拾取任意点为基点

[位移（D）]：启动该选项后，系统提示"指定位移："，此时以"x，y"方式输入沿 x 轴、y 轴方向拉伸的距离，或以"距离<角度"方式输入拉伸的距离和方向

指定第二个点或 <使用第一个点作为位移>：　@0，9　//输入相对坐标之后，完成尺寸 14 到 4 图形顶点拉伸

命令：_stretch　//以交叉窗口或交叉多边形选择要拉伸的对象…

选择对象：指定对角点：找到 6 个　//以交叉窗口方式选择另一拉伸对象

选择对象：

指定基点或 [位移（D）] <位移>：　　//绘图区光标拾取任意点为基点

指定第二个点或 <使用第一个点作为位移>：　　@10，0　//输入相对坐标

说明

拉伸的距离可以由鼠标指定也可由键盘直接输入。

十一、特性

改变图像对象图层、线型、颜色等特性。启动方式如下。

- 菜单：选择"修改" ⇨ "特性"命令。
- 标准工具栏：按钮 。
- 命令行输入：PROPERTIES。

◆**操作方式**：启动命令后，打开"特性"对话框如图 4-29 所示，绘图区光标拾取需修改特性的图形对象，"特性"对话框中将显示所选对象特性，修改对话框中特性值即可完成图形对象特性修改。

图 4-29 "特性"对话框

十二、特性匹配

将源对象的特性（如图层、颜色、线型、线型比例等）复制给目标对象。启动方式如下。

- 菜单：选择"修改" ⇨ "特性匹配"命令。
- 标准工具栏：按钮 。
- 命令行输入：MATCHPROP

◆**操作方式**：启动命令后，选择源对象，然后选择第一目标对象，第二目标对象直到按回车键结束命令。

【**示例 4-23**】 打开图形文件"示例 23（原图）.dwg"，按图 4-30 所示，将图（a）改为图（b）。

命令：_matchprop

选择源对象：　　　　　　　//绘图区光标拾取 A 为源对象

当前活动设置：颜色 图层 线型 线型比例 线宽 厚度 打印样式 标注 文字 填充图案

多段线 视口 表格材质 阴影显示

　　选择目标对象或 [设置（S）]：　　　　　　　　　//绘图区光标拾取需要匹配的直线

　　设置（S）：选择此选项，弹出如图 4-31 所示"特性设置"对话框，通过"基本特性"和"特殊特性"选项组中的复选项，设置需要匹配的特性

　　选择目标对象或 [设置（S）]：　　　　　　　　　//绘图区光标拾取需要匹配的直线

　　……（中间步骤省略）

　　选择目标对象或 [设置（S）]：　　　　　　　　　//回车，终止命令

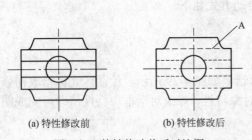

(a) 特性修改前　　　　(b) 特性修改后

图 4-30　特性修改前后对比图

图 4-31　"特性设置"对话框

十三、修剪

以某一对象为剪切边修剪其他对象。启动方式如下。

☛ 菜单：选择"修改" ➪ "修剪"命令。

☛ 修改工具栏：按钮 ⊬。

☛ 命令行输入：TRIM（TR）。

◆操作方式：启动修剪命令后，选择剪切边，然后选择修剪的对象。

【示例4-24】打开图形文件"示例 24（原图）.dwg"，按图 4-32 所示，将图（a）改为图（b）。

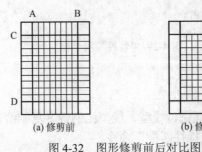
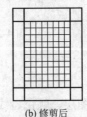

(a) 修剪前　　　　　　　(b) 修剪后

图 4-32　图形修剪前后对比图

命令：_trim

当前设置：投影=UCS，边=无

选择剪切边…

选择对象或 <全部选择>：找到 1 个　　　　　　　　//绘图区光标拾取剪切边 A

选择对象：找到 1 个，总计 2 个　　　　　　　　　　//绘图区光标拾取剪切边 B

选择对象：找到 1 个，总计 3 个　　　　　　　　　　//绘图区光标拾取剪切边 C

选择对象：找到 1 个，总计 4 个　　　　　　　　　　//绘图区光标拾取剪切边 D

选择对象：

选择要修剪的对象，或按住 Shift 键选择要延伸的对象，或[栏选（F）/窗交（C）/投影（P）/边（E）/删除（R）/放弃（U）]：　　　　　　　//绘图区光标拾取要修剪的对象

栏选（F）：以栏选方式选择要修剪的对象

窗交（C）：以交叉窗口方式选择要修剪的对象

投影（P）：用于确定执行修剪的操作空间

边（E）：用于确定剪切边的隐含延伸模式，可设置为延伸或不延伸，在延伸模式下，剪切边和被修剪的对象可不相交，剪切边延伸后进行修剪操作

删除（R）：用于删除指定对象

放弃（U）：取消上一次操作

选择要修剪的对象，或按住 Shift 键选择要延伸的对象，或[栏选（F）/窗交（C）/投影（P）/边（E）/删除（R）/放弃（U）]：　　　　　　　//绘图区光标拾取要修剪的对象

……（中间步骤省略）

选择要修剪的对象，或按住 Shift 键选择要延伸的对象，或[栏选（F）/窗交（C）/投影（P）/边（E）/删除（R）/放弃（U）]：　　　　　　　//回车，终止命令

剪切边可以是一个或多个直线、圆弧等对象，剪切边本身也可作为被修剪的对象。

十四、打断

可通过两种方式打断对象。

（一）两点打断

在要打断的对象上选择两点使直线或圆弧中间断开一定距离。启动方式如下。

☞ 菜单：选择"修改" ⇨ "打断"命令。

☞ 修改工具栏：按钮 。

☞ 命令行输入：BREAK（BR）。

◆**操作方式**：启动特性命令后，选择要打断的对象，对象上的拾取点同时作为第一个打断点，光标拾取了第二个打断点后，两点之间的部分将被删除。

在圆弧上选择两个打断点，将沿逆时针方向将第一点和第二点之间的部分圆弧删除。

（二）一点打断

在要打断的对象上选择一点使直线或圆弧在选择的点位置断开。启动方式如下。

☞ 菜单：选择"修改" ⇨ "打断"命令。

☞ 修改工具栏：按钮 □。

☞ 命令行输入：BREAK（BR）。

◆**操作方式**：启动特性命令后，在对象上拾取了第一个打断点后，当系统提示"选定第二个打断点："时，输入符号"@"，按一点方式打断，对象在选择点位置断开。

十五、延伸

将直线或圆弧延伸到选择的边界。启动方式如下。

☛ 菜单：选择"修改" ➪ "延伸"命令。

☛ 修改工具栏：按钮 ⊣。

☛ 命令栏：EXTEND（EX）。

◆**操作方式：**启动命令后，先选择延伸边界，再在需要延伸的方向选择延伸对象。

【**示例 4-25**】打开图形文件"示例 25（原图）.dwg"，将图（a）改为图（b），如图 4-33 所示。

首先，直线 A 向上偏移 11，直线 B 向上偏移 10，完成后如图 4-34 所示。

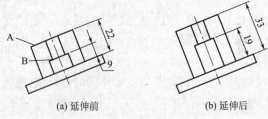

(a) 延伸前   (b) 延伸后

图 4-33　图形延伸前后对比图

命令：_offset

当前设置：删除源=否　图层=源　OFFSETGAPTYPE=0

指定偏移距离或 [通过（T）/删除（E）/图层（L）]<11.0000>：　e　//选择"删除（E）"选项

要在偏移后删除源对象吗？[是（Y）/否（N）]<否>：　y

//选择"是（Y）"选项，在偏移对象后删除源对象

指定偏移距离或 [通过（T）/删除（E）/图层（L）]<11.0000>：11 //输入偏移距离

选择要偏移的对象，或 [退出（E）/放弃（U）]<退出>：//绘图区光标拾取偏移对象 A

指定要偏移的那一侧上的点，或 [退出（E）/多个（M）/放弃（U）]<退出>：

//绘图区光标指定偏移方向

选择要偏移的对象，或 [退出（E）/放弃（U）]<退出>：//回车，终止命令

命令：_offset

当前设置：　删除源=是　图层=源　OFFSETGAPTYPE=0

指定偏移距离或 [通过（T）/删除（E）/图层（L）]<11.0000>：　10　//输入偏移距离

选择要偏移的对象，或 [退出（E）/放弃（U）]<退出>：//光标拾取偏移对象 B

指定要偏移的那一侧上的点，或 [退出（E）/多个（M）/放弃（U）]<退出>：

//绘图区光标指定偏移方向

选择要偏移的对象，或 [退出（E）/放弃（U）]<退出>：//回车，终止命令

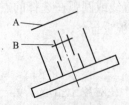

图 4-34　偏移后图形对象

之后，对其他相关直线进行延伸或修剪。

命令：_extend
当前设置：投影=UCS，边=无
选择边界的边...
选择对象或 <全部选择>：找到 1 个   //光标拾取偏移后的直线 A 为延伸边
选择对象：找到 1 个，总计 2 个   //光标拾取偏移后的直线 B 为延伸边
选择对象：
选择要延伸的对象，或按住 Shift 键选择要修剪的对象，或[栏选（F）/窗交（C）/投影（P）/边（E）/放弃（U）]：
//在需要延伸的方向选择要延伸对象，在按住 Shift 键同时选择对象可对对象实行修剪
栏选（F）：以栏选方式选择要修剪的对象
窗交（C）：以交叉窗口方式选择要修剪的对象
投影（P）：用于确定执行修剪的操作空间
边（E）：用于确定剪切边的隐含延伸模式，可设置为延伸或不延伸，在延伸模式下，剪切边和被修剪的对象可不相交，剪切边延伸后进行修剪操作
删除（R）：用于删除指定对象
放弃（U）：取消上一次操作
……（中间步骤省略）
选择要延伸的对象，或按住 Shift 键选择要修剪的对象，或[栏选（F）/窗交（C）/投影（P）/边（E）/放弃（U）]：   //回车，终止命令

十六、倒角

对相交直线进行等边或不等边倒角。启动方式如下。
- 菜单：选择"修改" ⇨ "倒角"命令。
- 修改工具栏：按钮⌐。
- 命令行输入：CHAMFER。
◆**操作方式**：分别输入两个倒角边的倒角距离，再指定需要倒角的相交直线。

【示例 4-26】打开图形文件"示例 26（原图）.dwg"，按图 4-35 所示，将图（a）改为图（b）。

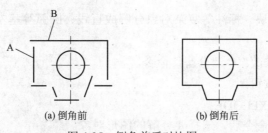

(a) 倒角前   (b) 倒角后

图 4-35　倒角前后对比图

命令：_chamfer
（"修剪"模式）当前倒角距离 1 = 10.0000，距离 2 = 10.0000
选择第一条直线或 [放弃（U）/多段线（P）/距离（D）/角度（A）/修剪（T）/方式（E）

/多个（M）]:　　d　　　　　　　　　　　//选择"距离（D）"选项

　　放弃（U）：放弃前一次操作

　　多段线（P）：对多段线段各顶点倒角

　　距离（D）：设置第一条倒角直线和第二条倒角直线的倒角距离

　　角度（A）：设置第一条倒角直线的倒角距离和倒角角度

　　修剪（T）：设置倒角修剪模式，确定倒角时是否对相应的倒角边进行修剪

　　方式（E）：设置倒角方式，是以两条边倒角距离的方式倒角还是以一条边倒角距离和角度的方式倒角

　　多个（M）：可依次对多个需倒角的对象倒角

　　指定第一个倒角距离 <10.0000>：0　　　　　　//输入第一个倒角距离

　　指定第二个倒角距离 <0.0000>：　　　　　　//回车，确定第二个倒角距离 0

　　选择第一条直线或 [放弃（U）/多段线（P）/距离（D）/角度（A）/修剪（T）/方式（E）/多个（M）]:　m　　　　　　　　　　//选择"多个（M）"选项

　　选择第一条直线或 [放弃（U）/多段线（P）/距离（D）/角度（A）/修剪（T）/方式（E）/多个（M）]:　　　　　　　　//绘图区光标拾取第一条倒角直线 A

　　选择第二条直线，或按住 Shift 键选择要应用角点的直线：
　　　　　　　　　　　　　　　//绘图区光标拾取第二条倒角直线 B

　　……（依次选择其他需倒角直线边，中间步骤省略）

　　选择第一条直线或 [放弃（U）/多段线（P）/距离（D）/角度（A）/修剪（T）/方式（E）/多个（M）]:　　　　　　　　　//回车，终止命令

十七、圆角

利用指定半径的圆弧光滑地连接相交的两条直线。启动方式如下。

☞ 菜单：选择"修改" ⇨ "圆角"命令。

☞ 修改工具栏：┌。

☞ 命令行输入：FILLET（F）。

◆操作方式：输入圆角半径，再指定倒圆角的两条直线边。

十八、分解

将多线、多段线、块、标注等复杂对象分解成直线、圆弧等基本的图元对象。启动方式如下。

☞ 菜单：选择"修改" ⇨ "分解"命令。

☞ 修改工具栏：按钮 。

☞ 命令行输入：EXPLODE。

◆操作方式：启动命令后，选择要分解的图形对象。

十九、合并

将多个在同一方向趋势上的单独对象合并成一个复杂对象。启动方式如下。

☞ 菜单：选择"修改" ⇨ "合并"命令。

- 修改工具栏：按钮 ➔ 。
- 命令行输入：JOIN（J）。

◆**操作方式**：启动命令后，选择要合并的图形对象。

 说明

合并（join）命令和分解（explode）命令是相逆的过程。

二十、多线编辑

改变两条多线的相交形式；在多线中加入控制点或删除控制点；切断或接合多线。启动方式如下。

- 菜单：选择"修改" ⇨ "对象" ⇨ "多线"命令。
- 命令行输入：MLEDIT。

◆**操作方式**：启动命令后，弹出"多线编辑工具"对话框，如图 4-36 所示，选定要进行的多线编辑操作，再选择要进行多线编辑的对象。

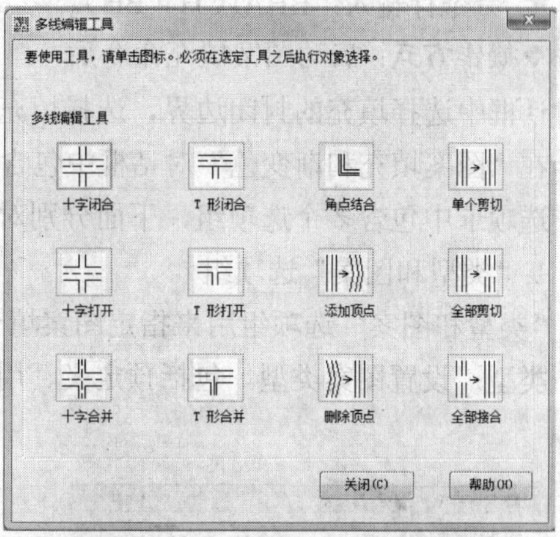

二十一、多段线编辑

改变多段线宽度；将由直线段、圆弧组成的连续线通过编辑变成一条多段线。启动方式如下。

- 菜单：选择"修改" ⇨ "对象" ⇨ "多段线"命令。
- 修改 II 工具栏：按钮 ✎ 。
- 命令行输入：PEDIT。

◆**操作方式**：启动命令后，选择要编辑

图 4-36 "多线编辑工具"对话框

的对象，按照命令窗口的提示的选项进行不同的编辑操作。

二十二、夹点编辑

夹点编辑功能中包含有五种编辑方式，即拉伸、移动、旋转、比例缩放、镜像。启动方式如下。

在命令提示符"命令："下选择图形对象后，图形上将出现若干方框，这些方框被称为夹点，将光标移近方框并单击鼠标左键，选中的关键点变成红色，激活了夹点编辑状态，系统自动进入"拉伸"编辑方式，连续按下"回车"键，可在"拉伸、移动、旋转、比例缩放、镜像"等五种编辑方式间切换。

 说明

进入夹点编辑状态后，其编辑方式和前面所介绍的"拉伸"、"移动"、"旋转"、"比例缩

放"、"镜像"等编辑命令的执行方式相似。

第三节　图案填充和渐变色

在绘制建筑图或机械图时，经常使用规定的填充图案以标识某个区域或剖面图的含义、结构及用途。在 AutoCAD 中提供了多种标准的填充图案和渐变色样式，也可以根据需要自定义图案填充图案和渐变色样式。此外，还可以通过填充工具控制图案的疏密、剖面线条及倾斜角度。

一、图案填充

向选定图形封闭区域中填充规定的图案或纯色。调用图案填充命令的方法通常有如下几种。

☛ 菜单：选择"绘图" ➪ "图案填充"命令。

☛ 绘图工具栏：▨。

☛ 命令行输入：BHATCH（BH）。

◆**操作方式**：启动图案填充命令后，弹出"图案填充和渐变色"对话框，如图 4-37 所示，在对话框中选择填充的封闭边界，选择填充图案并输入角度和比例等参数。

在"图案填充和渐变色"对话框中包含"图案填充"和"渐变色"两个选项卡。"图案填充"选项卡中包含多个选项组，下面分别对其进行介绍。

1."类型和图案"选项组

"类型和图案"选项组用来指定图案填充的类型和图案，其各个选项的含义如下。

类型：设置图案类型。包括预定义、用户定义和自定义 3 个选项。

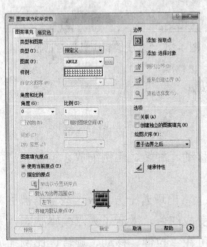

图 4-37　"图案填充和渐变色"对话框

图案：列出可用的预定义图案。最近使用的 6 个用户预定义图案出现在列表顶部，只有将"类型"设置为"预定义"，该"图案"选项才可用。

样例：显示选定图案的预览图像。

自定义图案：列出可用的自定义图案，只有在"类型"中选择了"自定义"，此选项才可用。

2."角度和比例"选项组

"角度和比例"选项组用来设置图案旋转角度和图案线之间的距离，其各个选项的含义如下。

角度：指定填充图案的角度，相对于当前 UCS 坐标系的 X 轴。

比例：放大或缩小预定义或自定义图案，只有将"类型"设置为"预定义"或"自定义"，此选项才可用。

双向：对于用户定义的图案，将绘制第二组直线，这些直线与原来的直线成 90°角，从而构成交叉线，只有将"类型"设置为"用户定义"，此选项才可用。

相对图纸空间：相对于图纸空间单位缩放填充图案。使用此选项，可很容易地做到以适于布局的比例显示填充图案，该选项仅适用于布局。

间距：指定用户定义图案中的直线间距。只有将"类型"设置为"用户定义"，此选项才可用。

ISO 笔宽：基于选定笔宽缩放 ISO 预定义图案。只有将"类型"设置为"预定义"，并将"图案"设置为可用的 ISO 图案的一种，此选项才可用。

3. "图案填充原点"选项组

图案填充原点用来控制填充图案生成的起始位置，例如某些图案填充需要与图案填充边界上的一点对齐。而在默认情况下，所有图案填充原点都对应于当前的 UCS 原点。

使用当前原点：采用默认情况下的原点，及原点设置为（0，0）。

指定的原点：指定新的图案填充原点，单击此选项后该选项中的其他选项可用。

单击以设置新原点：直接指定新的图案填充原点。

默认为边界范围：根据图案填充对象边界的矩形范围计算新原点。可以选择该范围的 4 个角点及其中心。

存储为默认原点：将新图案填充原点的值存储在 Hporigin 系统变量中。

4. "边界"选项组

"边界"选项组用来选择组成图案填充封闭边界的对象。

"拾取点"按钮：根据围绕指定点构成封闭区域的现有对象确定边界，单击后对话框将暂时关闭，提示拾取一个点，拾取后按 Enter 键返回对话框。

"选择对象"按钮：根据构成封闭区域的选定对象确定边界，单击后对话框将暂时关闭，提示选择对象，选择对象后按 Enter 键返回对话框。

"删除边界"从边界定义中删除之前添加的任何对象，单击"删除边界"按钮后，对话框暂时关闭并显示命令提示。

5. "孤岛"选项组

孤岛是指在最外层边界内填充对象的方法。如果不存在内部边界，则指定孤岛检测样式没有意义。孤岛检测通常包括三类，含义如下所述。

"孤岛检测"复选框：控制是否检测内部闭合边界。

"普通"单选按钮：从外部边界向内填充。如果遇到内部孤岛，将关闭图案填充，直到遇到该孤岛内的另一个孤岛。

"外部"单选按钮：从外部边界向内填充。如果遇到内部孤岛，将关闭图案填充。此选项只对结构的最外层进行图案填充，而结构内部保留空白。

"忽略"单选按钮：忽略所有内部的对象，填充图案是将通过这些对象。

6. "选项"选项组

该选项组控制几个常用的图案填充选项。其中**"注释性"**用来只对图案填充为注释性；**"关联"**控制图案填充或填充的关联，关联的图案填充在用户修改其边界时将会更建独立的图案填充控制。当指定了几个单独的闭合边界时，是创建单个图案填充对象，还是创建多个图案填充对象；**"绘图次序"**为图案填充指定绘图次序。

7. 其他选项组

"**边界保留**"选项组：指定是否将边界保留为对象，并确定应用于这些对象的对象类型。可以将边界保留为多段线或面域。

"**边界集**"选项组：定义当从指定点定义边界时要分析的对象集。

"**允许的间隙**"选项组：设置将对象用做图案填充边界时可以忽略的最大间隙。默认值为 0，此值指定对象必须封闭区域而没有间隙。

【**示例 4-27**】 打开图形文件"示例 27（原图）.dwg"，用图案填充命令按图 4-38 所示，将图（a）改为图（b）样式。

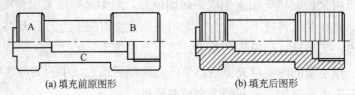

(a) 填充前原图形   (b) 填充后图形

图 4-38　填充前后对比图

首先，填充 A、B 区域。

命令：_bhatch　//启动命令，弹出"图案填充和渐变色"对话框，"图案"下拉列表中选择 ANSI31，"角度"设置为 45，"比例"设置为 1，单击"边界"选项组中的"添加：拾取点"按钮

拾取内部点或 [选择对象（S）/删除边界（B）]：　　//绘图区光标拾取待填充的区域 A

拾取内部点或 [选择对象（S）/删除边界（B）]：　　//绘图区光标拾取待填充的区域 B

拾取内部点或 [选择对象（S）/删除边界（B）]：　　//回车，返回"图案填充和渐变色"对话框，单击"确定"按钮，完成填充 A、B 区域填充之后，填充 C 区域

⋯⋯（中间步骤省略）　//基本操作同上，在"图案填充和渐变色"对话框中设置"角度"为 0，设置"比例"为 0.5

二、渐变色填充

向选定图形封闭区域中填充规定的渐变颜色。调用渐变色填充命令的方法通常有如下几种。

☛ 菜单：选择"绘图" ➩ "渐变色"命令。

☛ 绘图工具栏：▨。

☛ 命令行输入：GRADIENT。

◆**操作方式**：启动渐变色填充命令后，弹出"图案填充和渐变色"对话框，在对话框中选择填充的封闭边界，选择填充渐变色颜色、样式及确定输入角度和是否居中等参数。

在"图案填充和渐变色"对话框中包含"图案填充"和"渐变色"两个选项卡。"渐变色"选项卡中包含多个选项组，下面分别对其进行介绍。

单色：指定使用从较深着色到较浅色调平滑过渡的单色填充。

双色：指定在两种颜色之间平滑过渡的双色渐变填充。

颜色样本：指定渐变填充的颜色。

居中：指定对称的渐变配置。

角度：指定渐变填充的角度。

渐变图案：显示用于渐变填充的 9 种固定图案。

"着色"和"色调"滑动条：指定一种颜色的色调或着色，用于渐变填充。

第四节 文字设置

文字对象是 AutoCAD 图形中重要的图形元素。很多工程图样通常都包含一些文字注释来标注图样中的一些非图形信息。

一、设置文字样式

文字样式用来设置文字的字体、高度、倾斜角、宽度因子等参数。通常情况下采用默认样式，也可根据具体要求重新设置或创建文字样式。启动方式如下。

- ☞ 菜单：选择"格式"⇨"文字样式"命令。
- ☞ 样式工具栏：A 。
- ☞ 命令行输入：STYLE（ST）。

执行命令后，系统弹出"文字样式"对话框，如图 4-39 所示。

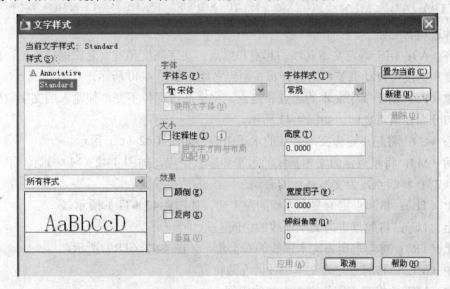

图 4-39 "文字样式"对话框

"文字样式"对话框中的各个选项组功能如下所示。

样式："文字样式"对话框的"样式"选项组中显示了文字样式的名称，可以对文字样式重命名或删除文字样式。

字体设置："字体"选项组用于设置文字样式使用的字体等属性。选中"使用大字体"复选框，选择大字体。

大小设置：设置文字高度和注释性。

文字效果设置：可以设置文字的颠倒、反向、垂直等显示效果。在"宽度因子"文本框中可以设置文字字符的高度和宽度之比。"倾斜角度"文本框可以设置文字的倾斜角度，0 度时不倾斜；角度为正时向右倾斜；反之向左倾斜。

预览：在"预览"选项组中可以预览所选择或所设置的文字样式效果。

二、单行文字

单行文字每次只能输入一行文本。启动方式如下。

- ☛ 菜单：选择"绘图"⇨"文字"⇨"单行文字"命令。
- ☛ 文字工具栏："单行文字"按钮 **A**。
- ☛ 命令行输入：DTEXT（DT）。

执行命令后，系统提示：

> 当前文字样式："standard"　　文字高度：2.5000　　注释性：否
> 指定文字的起点或 [对正（J）/样式（S）]：

各个选项功能如下所述。

起点：指定文字的起点，缺省情况下对正点为左对齐。

对正（J）：指定文字的对齐方式。

命令行输入"J"，按 Enter 键后，命令行提示如下。

> 输入选项[对齐（A）/调整（F）/中心（C）/中间（M）/右（R）/左上（TL）/中上（TC）/右上（TR）/左中（ML）/正中（MC）/右中（MR）/左下（BL）/中下（BC）/右下（BR）]：

各种选项含义如下。

对齐（A）：用于确定文本基线的起点和终点，文字高度和宽度之比保持不变，使输入文字的高度和宽度可自动调整，均匀分布在两点之间，如图 4-40 所示。

调整（F）：用于确定文本的起点和终点，文字高度保持不变，使输入的文字宽度自由调整，均匀分面在两点之间，如图 4-41 所示。

中心（C）：将起点定为文本基线的水平中心，如图 4-42（C）所示。

中间（M）：将起点定为文本基线的水平和垂直中点，如图 4-42（M）所示。

右（R）：将起点定为文本基线的右侧。

左上（TL）：将起点定为文本顶线的左上角，如图 4-42（TL）所示。

中上（TC）：将起点定为文本顶线的中间。

右上（TR）：将起点定为文本顶线的右上角，如图 4-42（TR）所示。

左中（ML）：将起点定为文本中线的左边位置。

正中（MC）：将起点定为文本中线的中间。

右中（MR）：将起点定为文本中线的右边位置。

左下（BL）：将起点定为文本底线的左下角，如图 4-42（BL）所示。

中下（BC）：将起点定为文本底线的中间。

右下（BR）：将起点定为文本底线的右下角，如图 4-42（BR）所示。

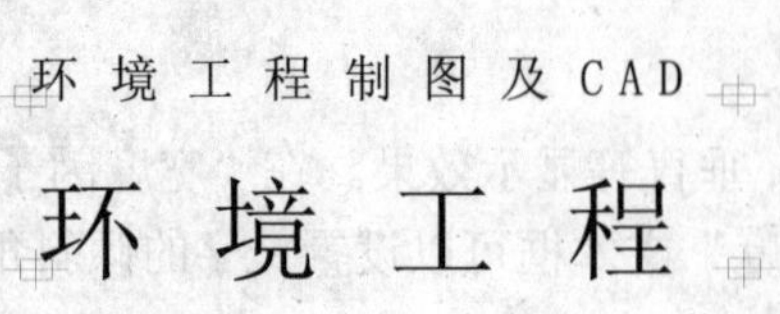

环 境 工 程 制 图 及 C A D　　　　环境工程制图及CAD

环 境 工 程　　　　环境工程

图 4-40　对齐方式 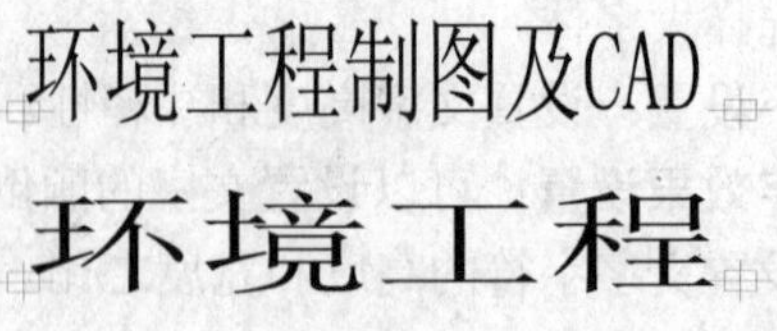　　　　　　　图 4-41　调整方式

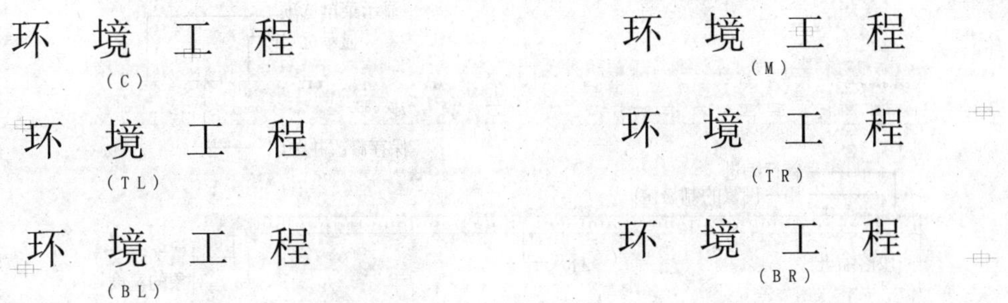

环境 工 程
(C)

环境 工 程
(M)

环境 工 程
(TL)

环境 工 程
(TR)

环境 工 程
(BL)

环境 工 程
(BR)

图 4-42　文字对正方式

样式（S）：用于确定当前文字样式。单击 Enter 键使用默认样式，也可以通过输入已设置好的文字样式名。

如果不记得设定的样式名，可键入"？"并回车，屏幕即出现文本窗口，显示已设置的文字样式名及其选用的字体。复制所需要的文字样式名，然后粘贴到命令行即可。

三、特殊字符的输入

在实际的工程绘图中，往往需要标注一些特殊字符。例如，在文字上方或下方加划线、标注度（°）、±、Φ 等符号，而这些字符不能够从键盘上直接输入，为此，AutoCAD 提供了相应的控制符，以实现这些标注要求，如表 4-1 所示。

表 4-1　特殊字符一览表

控制符	功　能	控制符	功　能
%%U	打开或关闭文字下划线	%%C	标注直径符号"Φ"
%%D	标注"°"符号	%%%	输入百分号（%）
%%P	标注正负公差符号"±"	%%O	打开或关闭文字上划线

四、标注多行文字

该功能可以一次输入多行文本，而且可以设定文字具有不同字体、颜色、高度等特性。启动方式如下。

☞ 菜单：选择"绘图"⇨"文字"⇨"多行文字"命令。

☞ 文字工具栏："多行文字"按钮**A**。

☞ 命令行输入：MTEXT（T）。

调用命令后，系统提示：

当前文字样式："standard"　　文字高度：2.5000　　注释性：否
指定第一角点：
指定对角点或 [高度（H）/对正（J）/行距（L）/旋转（R）/样式（S）/宽度（W）/栏（C）]：

各个选项功能如下所述。

指定角度、对角点：用于指定文字输入框的两个角点，AutoCAD 会自动形成一个矩形区域，该矩形区域的宽度即为文字行宽度，且以第一对角点作为文字顶线的起始点，并打开"多行文本编辑器"，如图 4-43 所示。

69

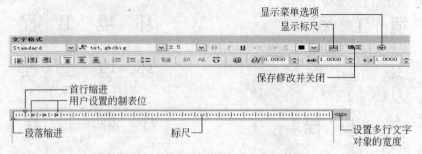

图 4-43 "多行文本编辑器"对话框

行距（L）：设置文本行与行之间的间距。

旋转（R）：用于设置文本的旋转角度，旋转角度为正时，文本进行逆时针转向，反之，进行顺时针转向。

"多行文本编辑器"由"文字格式"工具栏（图 4-43 的上半部分）和一个顶部带标尺且下部呈透明状态的边框所构成（图 4-43 的下半部分）。"多行文本编辑器"中各选项的功能和含义介绍如下。

"文字格式"工具栏："堆叠"按钮用于设置两部分文本以分子分母的形式标注。两部分文本中间必须有 / 、#或^分隔开，须选取要堆叠的对象后，该按钮才可用，如图 4-44 所示。"标尺"按钮用于显示标尺；"选项"按钮用于显示选项菜单；"加粗"、"斜体"和"下划线"按钮只对 TrueType 字体适用，对 SHX 字体无效。

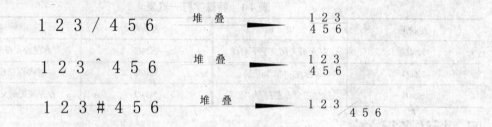

图 4-44 堆叠效果示例

标尺：用户可以通过拖动标尺左上方的缩进符号设置第一行文本和段落的缩进；可以在标尺适当的位置单击左键建立制表位，将制表位拖向标尺外即可删除。

选项菜单：在文本编辑区单击右键，弹出选项菜单，它控制"文字格式"工具栏的显示并提供了其他编辑选项。

五、编辑文字

可以通过"编辑文字"和"对象特性"两种命令对图形中已经录入的文字进行编辑。启动方式如下。

- 菜单：选择"修改" ⇨ "对象" ⇨ "文字" ⇨ "编辑"命令。
- 双击：双击文字对象。
- 命令行输入：DDEDIT（ED）。
- 选项板：选择"修改" ⇨ "特性选项板中文字项"命令。

调用命令后，系统提示：

选择注释对象或 [放弃（U）]:

若被选文字对象是单行文字，则改变文字对象背景颜色，显示可编辑状态；若被选文字对象是多行文字，则弹出"多行文字编辑器"对话框，开始编辑。

第五节 表 格 设 置

表格是在行和列中包含数据的对象，可以从空表格或表格样式创建表格对象，还可以将表格连接至 Microsoft Excel 电子表格中的数据。

一、表格样式

（一）启动方式

- 菜单：选择"格式" ⇨ "表格样式"命令。
- 样式工具栏："表格样式"按钮 。
- 命令行输入：TABLESTYLE（TS）。

调用命令后，弹出"表格样式"对话框，如图 4-45 所示。

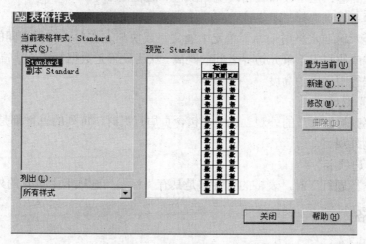

图 4-45 "表格样式"对话框

（二）表格样式选项卡

"表格样式"对话框中各选项功能如下所述。

1."表格样式"对话框

"样式"区：在列表框中显示当前图形已存在的表格样式名。

"预览"区：用于预览表格样式产生的效果。

"列出"栏：在下拉列表中包括所有样式和正在使用的样式。

"置为当前"按钮：用于设置当前表格样式。

"新建"按钮：用于创建新的表格样式。

"修改"按钮：用于修改已有表格样式中的某些变量。

"删除"按钮：用于删除 Standard 样式之外的任意样式。

单击"新建"按钮，弹出"创建新的表格样式"对话框，如图 4-46 所示。在"新样式名"文本框中输入新的表格样式名，在"基础样式"下拉列表中选择默认的表格样式，然后单击"继续"按钮，将打开"新建表格样式"对话框，可以通过它指定表格的行格式、表格方向、边框特性和文本样式等内容。如图 4-47 所示。

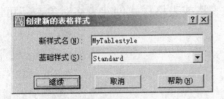

图 4-46 "创建新的表格样式"对话框

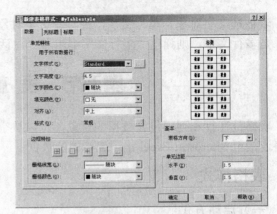

图 4-47 "新建表格样式"对话框

2. "数据"选项卡

"单元特性"区：用于设置表格文字的高度、颜色、填充颜色、对齐方式和数据类型。

"边框特性"区：用于设置栅格线宽、颜色和边框的显示。

"基本"区：通过选择"下"或"上"来设置表格方向。

"单元边距"区：水平用于设置单元中的文字或块与左右单元边界之间的距离；垂直设置单元中的文字或块与上下单元边界之间的距离。默认设置是数据行中文字高度的三分之一，最大高度是数据行中文字的高度。

3. "列标题"选项卡

用于设置"列标题行"的外观。选中"包含页眉行"时，每列的首行都是具有"列标题"选项卡上设置的外观。

4. "标题"选项卡

选中"包含标题行"时，表格的首行都是具有"标题"选项卡上设置的外观。

二、创建表格

（一）启动方式

☞ 菜单：选择"绘图" ⇨ "表格"命令。

☞ 绘图工具栏："表格"按钮 ▦ 。

☞ 命令行输入：TABLE（TB）。

调用命令后，弹出"插入表格"对话框，如图 4-48 所示。

（二）表格样式选项组

"表格样式"对话框中各个选项组的功能如下所述。

1. "插入方式"区

指定插入点：指定表格左上角的位置。如果表格样式将表格的方向设置为由下而上读取，则插入点位于表格的左下角。

指定窗口：指定表格的大小和位置。选定此选项时，行数、列数、列宽和行高取决于窗口的大小以及列和行设置。

2. "列和行设置"区

列：用于设置列数。选定"指定窗口"选项并设置列宽时，则选定了"自动"选项，且列数由表格的宽度控制。

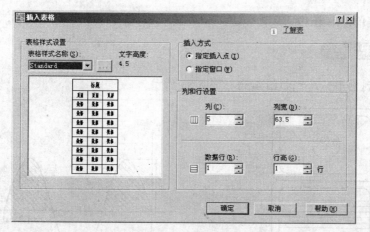

图 4-48 "插入表格"对话框

列宽：用于设置指定列的宽度。选定"指定窗口"选项并指定列数时，则选定了"自动"选项，且列宽由表格的宽度控制。最小列宽为一个字符。

数据行：用于设置行数。选定"指定窗口"选项并指定行高时，则选定了"自动"选项，且行数由表格的高度控制。带有标题行和表格头行的表格样式最少应有三行。最小行高为一行。

行高：按照文字行高指定表格的行高。选定"指定窗口"选项并指定行数时，则选定了"自动"选项，且行高由表格的高度控制。

三、编辑表格和表格单元

（一）编辑表格

启动方式如下。

☛ 菜单：选择"修改" ➪ "特性"命令。

☛ 标准工具栏"特性"按钮 。

☛ 夹点命令：选中左上夹点，移动表格；选中右上夹点，修改表宽并按比例修改所有列；选中左下夹点，修改表高并按比例修改所有行；选中右下夹点， 修改表高和表宽并按比例修改行和列；选中列夹点（在列标题行的顶部）， 将列的宽度修改到夹点的左侧，并加宽或缩小表格以适应此修改；按 Ctrl+"列夹点"，加宽或缩小相邻列而不改变表宽。

（二）编辑表格单元

启动方式如下。

☛ 菜单：选择"修改" ➪ "特性"命令。

☛ 标准工具栏："特性"按钮 。

☛ 夹点命令：同上所述。

☛ 快捷菜单：选中表格单元，单击右键，弹出快捷菜单，如图 4-49 所示。

"插入块"选项可以将相应的块插入到表格中，并设置块在表格单元中的对齐方式、比例和旋转角度等特性。其余选项的编辑功能同一般的表格编辑软件，此处略。

（三）编辑表格单元中文字

在要编辑其文字的单元内双击，或者选择该

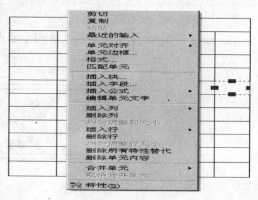

图 4-49 快捷菜单

单元并在快捷菜单上单击"编辑单元文字"，则显示文字编辑窗口，选定文字，开始修改即可。

复习思考题

1. 绘制下列图形，尺寸如图 4-50～图 4-53 所示。

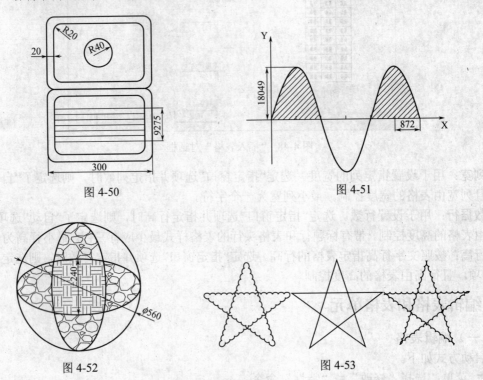

图 4-50

图 4-51

图 4-52

图 4-53

2. 绘制图 4-54 出水调节池结构示意图。

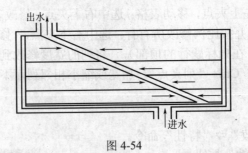

图 4-54

3. 绘制图 4-55 隔板式混合池结构示意图。

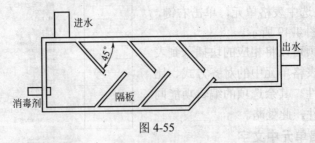

图 4-55

第五章　块、属性与提高绘图

🔍 **学习指南**

　　本章主要介绍复杂绘图的有关知识，通过学习要求掌握块定义、块属性、插入块、外部参照、设计中心及工具选项板等模块的设置与使用方法。提高图形整合与修改图样的应用能力，为大型工程图纸的制作奠定基础。

第一节　块　操　作

　　图块是由多个图形对象组成的整体，在绘图时可将其作为单独对象插入到图形中。绘图过程中将一些多次重复使用的图形，如建筑图中的门、窗等定义成块，绘制时可插入这些已定义的块，不需要一个个单独绘制，提高了绘图的效率。

一、创建内部图块

　　用于创建内部图块，内部图块只能在创建的文件中使用。启动方式如下。
　　☞ 菜单：选择"绘图"⇨"块"⇨"创建"命令。
　　☞ 绘图工具栏："创建块"按钮 🖫。
　　☞ 命令行输入：BLOCK（B）。
　　◆ **操作方式**：启动命令后，弹出"块定义"对话框，如图 5-1 所示。在对话框中输入块名称，指定块基点位置，选择块中所包含的对象等。

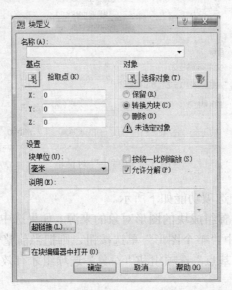

图 5-1　"块定义"对话框

"块定义"对话框中各个选项功能如下所示。

"名称"下拉列表框：用于命名所定义的块名。

"基点"选项组：设置块的插入基点。可单击"拾取点"按钮在绘图区拾取一点作为块基点，也可在文本框中直接输入基点的 X、Y、Z 坐标值。

"对象"选项组：用于选择组成块的对象。单击"选择对象"按钮后在绘图区拾取需转换成块的图形对象。

"设置"选项组：用于设置图块的单位、比例等。

 说明

要创建带属性的块，在图块创建过程中，在通过"块定义"对话框选择组成块的对象时，需将已定义的属性一起选择。

二、创建外部图块

用于创建外部图块，外部图块以独立的图形文件形式保存，能被所有的文件使用。启动方式如下。

☛ 命令行输入：WBLOCK（W）。

◆ **操作方式**：启动命令后，弹出"写块"对话框，如图 5-2 所示，在对话框中输入块名称，拾取块基点位置，选择块中所包含的对象等。

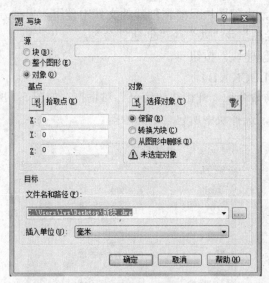

图 5-2 "写块"对话框

"写块"对话框中各个选项功能如下所示。

"源"选项组：用于设置组成块的图形对象的来源。如果选中"块"单选按钮，则在下拉列表中选择块名；如果选中"整个图形"单选按钮，则把当前整个图形写入图形文件；如果选中"对象"单选按钮，"基点"选项组和"对象"选项组才有效，选择写入图形文件的对象及块的插入点。

"基点"选项组：设置块的插入基点。可单击"拾取点"按钮在绘图区拾取一点作为基点，

也可在文本框中直接输入基点的 X、Y、Z 坐标值。

"对象"选项组：用于选择组成块的对象。

"目标"选项组：用于设置块的保存路径、名称、单位等。

【示例 5-1】按图 5-3 绘制图形，将其定义为外部块"螺母.dwg"，图块基点在中心线交点 A。

首先，按图 5-3 所示尺寸绘制图形。用直线（line）命令、多边形（polygon）命令、圆（circle）、圆弧（arc）命令按尺寸绘制图形；之后，定义外部块"螺母.dwg"。

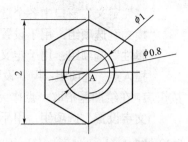

图 5-3 要定义成外部块的图形对象

命令：wblock	//启动命令后，弹出"写块"对话框，选择"对象"单选按钮
指定插入基点：int↙	//单击"基点"选项组中的"拾取点"按钮，在绘图区中光标拾取中心线交点 A，返回"写块"对话框
选择对象：指定对角点：找到 5 个	//单击"对象"选项组中的"选择对象"按钮，交叉窗口选择图形对象，回车后返回"写块"对话框，在"目标"选项组的"文件名和路径"文本框中指定文件名"螺母.dwg"及存放路径，单击"确定"按钮，完成定义外部块操作

三、块的属性

定义与图块相关的文字信息，当块插入到图形中时，文字信息可同时被插入。启动方式如下。

☞ 菜单：选择"绘图" ⇨ "块" ⇨ "定义属性"命令。

☞ 命令行输入：ATTDEF。

◆ **操作方式**：启动命令后，弹出"属性定义"对话框，如图 5-4 所示，在对话框中定义块的属性。

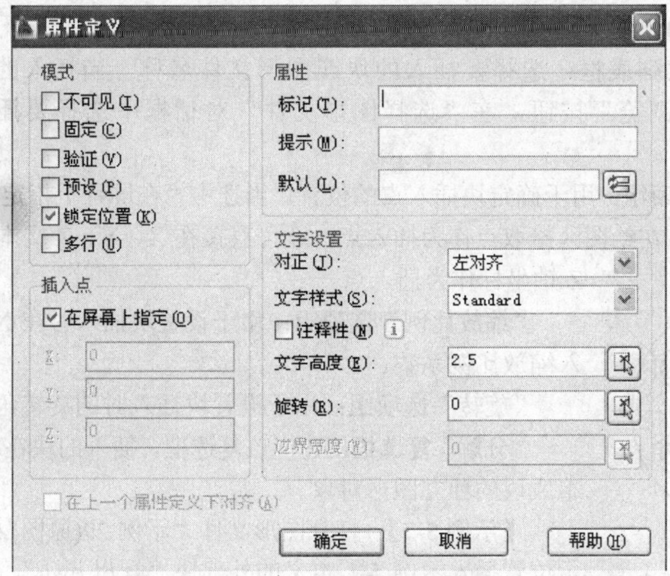

图 5-4 "属性定义"对话框

"属性定义"窗口中各个选项组的功能如下所示。

"模式"选项组：用于设置属性的特性。

"属性"选项组：用于定义属性的标记名和属性值等。

"插入点"选项组：用于设置属性的插入点。选中"在屏幕上指定"复选框，单击"确定"按钮后，在绘图区拾取一点作为插入点，也可在文本框中直接输入插入点的 X、Y、Z 坐标值。

"文字设置"选项组：用于设置属性文字的格式。

四、插入块

将定义好的图块（或图形文件）插入到图形中。启动方式如下。

☞ 菜单：选择"插入" ➪ "块"命令。

☞ 绘图工具栏："插入块"按钮 ❑。

☞ 命令行输入：INSERT（I）。

◆ **操作方式**：启动命令后，弹出"插入"对话框，如图 5-5 所示，在对话框中指定插入块或图形文件名称，插入点位置、缩放比例、旋转角度等参数。

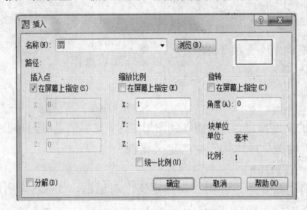

图 5-5 "插入"对话框

"插入"窗口中各个选项组的功能如下所示。

"名称"下拉列表框：选择要插入的块或图形文件名称。当插入的是外部块或图形文件时，单击"浏览"按钮，在"选择图形文件"对话框中选择要插入的外部块或图形文件。

"插入点"选项组：用于确定块插入点的位置。当选中"在屏幕上指定"复选框时，单击"确定"按钮后，在绘图区拾取点作为插入点；还可直接在 X、Y、Z 文本框中输入 X、Y、Z 轴坐标作为插入点。

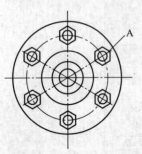

图 5-6 插入外部块
"螺母.dwg"后的图形

"缩放比例"选项组：用于设置块插入时在 X、Y、Z 方向的插入缩放比例系数。

"旋转"选项组：用于设置块插入时的旋转角度。

"分解"复选框：选中该复选框，插入的块在图形中自动分解成组成块的独立图形对象。

【**示例 5-2**】 打开图形文件"示例 29(原图).dwg"，按图 5-6 所示位置插入示例 5-1 定义的外部块"螺母.dwg"，X、Y 方向的比例因子均为 12。

命令：_insert　　　　　　　　//启动命令后，弹出"插入"对话框，通过"浏览…"按钮指
　　　　　　　　　　　　　　　　定要插入的外部块"螺母.dwg"，"插入点"选项组中选中"在
　　　　　　　　　　　　　　　　屏幕上指定"复选框，"缩放比例"选项组 X、Y 文本框输
　　　　　　　　　　　　　　　　入 12，"旋转"选项组"角度"文本框输入-60，单击"确
　　　　　　　　　　　　　　　　定"按钮后返回绘图界面

指定插入点或 [基点(B)/比例(S)/X/Y/Z/旋转(R)]：int↙　　//绘图区光标拾取交点 A 为图块插
　　　　　　　　　　　　　　　　入点，完成图块插入

···（中间步骤省略）　　//基本操作同上，在图形相应位置按同样方法插入图块"螺母.dwg"

第二节　提高绘图

在绘制复杂图形时，通常借助于一些辅助绘图手段来加快作图速度及简化图形编辑方法。

一、外部参照

外部参照是一种类似于块的图形引用方式，它和块最大的区别在于块插入后，图形数据
会存储在当前的图形中，而使用外部参照，其数据并不增加到当前图形中，而始终存储在原
始文件中，当前文件中只包含对外部文件的一个引用。启动方式如下。

☛ 菜单：选择"插入"⇨"DWG 参照"命令。
☛ 命令行输入：XATTACH。
◆ **操作方式**：启动命令后，弹出"选择参照文件"对话框，用户需要指定文件夹中的*.dwg
文件，打开选定的文件后，在弹出的"外部参照"对话框中进行设置，如图 5-7 所示。

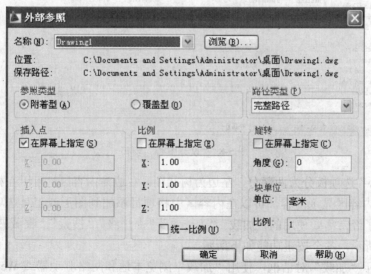

图 5-7 "外部参照"对话框

"外部参照"对话框中部分选项组的功能如下所示。
"参照类型"单选项：指定外部参照是附着型还是覆盖型。
"路径类型"下拉列表：指定外部参照的路径是完整路径、相对路径，还是无路径。
插入点、比例、旋转等选项与插入块的操作相同。

79

二、设计中心

（一）设计中心简介

AutoCAD 设计中心是一个非常有用的工具，使用设计中心能大大降低绘图工作的重复量。通常可以浏览和查看各种图形图像文件，并可显示预览图像及其说明文字；查看图形文件中命名对象的定义，将其插入、附着、复制和粘贴到当前的图形中；将图形文件从控制板拖放到绘图区域中，打开图形，而将光栅文件从控制板拖放到绘图区域中，则可查看和附着光栅图像；在本地和网络驱动器上查找图形文件，并可创建指向常用图形、文件夹和 Internet 地址的快捷方式。启动方式如下。

- 菜单：选择"工具" ⇨ "选项板" ⇨ "设计中心"命令。
- 标准工具栏："设计中心"按钮 🖳。
- 命令行输入：ADCENTER。
- 快捷键：Ctrl+2。

执行该命令后，弹出"设计中心"选项板，设计中心是一个与绘图窗口相对独立的窗口，如图 5-8 所示。

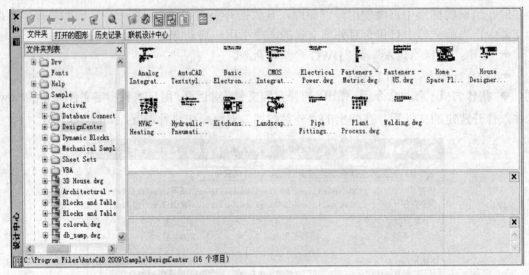

图 5-8 "设计中心"窗口

"设计中心"选项板分为两部分，左边为树状图，右边为内容区。可以在树状图中浏览内容的源，而在内容区显示内容，可以在内容区中将项目添加到图形或工具选项板中。在其工具栏中，包含了经常需要使用的"加载""上一页""上一级""搜索""收藏夹""说明"等按钮，如图 5-8 所示，各个按钮功能如下所示。

加载：显示"加载"对话框，使用"加载"浏览本地和网络驱动器或 Web 上的文件，然后选择内容加载到内容区域。

上一页：返回到历史记录列表中最近一次的位置。

上一级：显示当前容器的上一级容器的内容。

搜索：显示"搜索"对话框，从中可以指定搜索条件，以便在图形中查找图形、块和非图形对象。搜索也显示保存在桌面上的自定义内容。

收藏夹：在内容区域中显示"收藏夹"文件夹的内容。"收藏夹"文件夹包含经常访问项目的快捷方式。

主页：将设计中心返回到默认的文件夹。默认文件夹地址为……\sample\designcenter。可以使用树状图中的快捷菜单更改默认文件夹。

树状图切换：显示和隐藏树状视图。如果绘图区域需要更多的空间，请隐藏树状图。树状图隐藏后，可以使用内容区域浏览容器并加载内容。

预览：显示和隐藏内容区域窗格中选定项目的预览。

说明：显示和隐藏内容区域窗格中选定项目的文字说明。

视图：为加载到内容区域的内容提供不同的显示格式。

（二）设计中心结构与显示

树状视图显示本地和网络驱动器上打开的图形、自定义内容、历史记录和文件夹等内容。其显示方式与 Windows 系统的资源管理器类似，为层次结构方式。双击层次结构中的某个项目可以显示其下一层的内容；对于具有子层次的项目，则可单击该项目左侧的加号"+"或减号"-"来显示或隐藏其子层次。设计中心顶部的选项卡可以访问树状图，如图 5-9 所示。

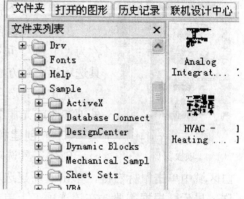

图 5-9　设计中心"树状图"窗口

各选项功能如下。

文件夹：显示计算机或网络驱动器中文件和文件夹的层次结构。

打开的图形：显示当前工作任务中打开的所有图形，包括最小化图形。

历史记录：显示最近在设计中心打开的文件列表。

联机设计中心：访问联机设计中心网页。

（三）利用设计中心添加图形

设计中心可以将控制板或搜索的内容添加到打开的图形中。根据指定内容类型的不同，插入的方式也不同，可以插入块、附着光栅图像、附着外部参照、插入图形文件和插入其他内容，也可以利用剪贴板插入对象。

设计中心可以使用两种方法插入块：一是将要插入的块选定后直接拖放到当前的图形中；二是在要插入的块上单击右键，弹出快捷菜单，选择"插入块"选项。这种方法可按指定坐标、缩放比例和旋转角插入块。

插入附着光栅图像的方式有两种：一是将要附着的光栅图像文件拖放到当前图形中；二是在图像文件上单击右键，弹出快捷菜单，选择"附着图像"选项。

插入外部参照的方式有两种：将要附着的外部参照对象拖动到当前图形文件中；在图形文件上单击右键，弹出快捷菜单，选择"附着外部参照"选项。

与插入块和图形一样，也可以将其他内容，如标注样式、表格样式、图层、线型、文字样式、布局和自定义内容添加到打开的图形中。

对于需要添加到当前图形中的各类对象，也可以利用剪贴板来插入对象。

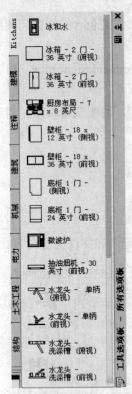

图 5-10　工具选
项板窗口

三、工具选项板

工具选项板是一种用来组织、共享和放置块、图案填充及其他工具的项板。

（一）使用工具选项板

工具选项板将块、图案填充和自定义工具整理在一个便于使用的窗口中。工具选项板的选项和设置可以从"工具选项板"窗口的各区域单击鼠标右键时显示的快捷菜单中访问。启动方式如下。

- ☞ 菜单：选择"工具" ⇨ "选项板" ⇨ "工具选项板"命令。
- ☞ 标准工具栏：单击"工具选项板"按钮 。
- ☞ 命令行输入：TOOLPALETTES。
- ☞ 快捷键：Ctrl+3。

调用该命令后，弹出工具选项板窗口，如图 5-10 所示。

工具选项板窗口是选项卡形式的区域，添加到工具选项板的项目称为"工具"。可以通过将设计中心里选定的图块集单击右键添加到工具选项板中的方法将任意对象添加到工具选项板来创建工具。

选定工具选项板中的几何对象、标注、图案填充、渐变填充、块、外部参照或光栅图像等对象直接拖放到绘图窗口。

（二）创建和设置工具选项板

创建工具选项板的步骤如下：首先，在"工具选项板"窗口的空白区域中单击鼠标右键，单击"新建选项板"命令，其次，在文本框中，输入新选项板的名称，最后，根据需要，在该选项卡上单击鼠标右键并选择"上移"或"下移"命令来更改选项卡的显示次序，或使用剪切、复制和粘贴将一个工具选项板中的工具移动或复制到另一个工具选项板。

复习思考题

1. 什么是块？如何建立不同性质的块？
2. 如何绘制带属性的块？
3. 在绘图时，插入块和外部参照有何区别？
4. 打开 CAD 的"设计中心"窗口，练习将选定的 House Designer.dwg 图集添加到工具选项板中。
5. 在"工具选项板"里练习，将"图案填充"选项中的"实体"图块颜色改为"红色"。

第六章　尺寸标注

🔍 **学习指南**

　　本章将介绍图新建标注样式、标注图形以及编辑标注样式和修改标注等。在图形设计中，尺寸标注是绘图设计工作中一项重要的内容，它显示了图形中各个对象的真实大小和相互位置关系。通过本章学习，可熟练掌握标注的各种方法和操作技巧，并能够快速给已经绘制和编辑好的图像进行标注。

第一节　标注尺寸组成

一、尺寸标注定义

　　尺寸标注是图形的测量注释，可以测量和显示对象的长度、角度等测量值。AutoCAD 2009 提供了多种标注样式和多种设置标注格式的方法，可以满足各种应用领域的要求。

二、尺寸标注组成

　　AutoCAD 2009 的尺寸标注是一个以块的形式存在的复合体，一个完整的尺寸标注通常包括"尺寸线"、"尺寸界限"、"尺寸起止符"、"尺寸数字"四部分，如图 6-1 所示。

　　图中各部分含义如下所述。

　　尺寸线：用来表示标注的方向和范围。

　　尺寸界限：用来表示尺寸线的起始点和结束点。一般情况下尺寸界限垂直于尺寸线。

　　尺寸起止符：位于尺寸线两端，指明尺寸线段起止位置。

　　尺寸数字：尺寸标注的文字内容。

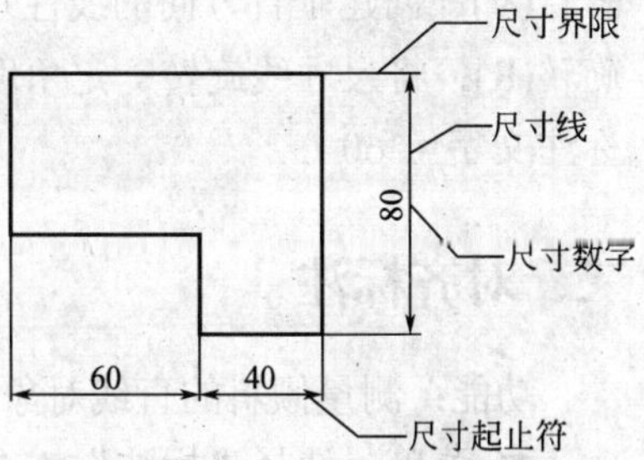

图 6-1　尺寸的组成

第二节　常用尺寸标注

一、线性标注

　　功能：测量水平、垂直或倾斜的线性尺寸。启动方式如下。

- ☛ 菜单：选择"标注" ⇨ "线性"命令。
- ☛ 标注工具栏："线性标注"按钮🗖。
- ☛ 命令行输入：DIMLINEAR。

◆ **操作方式**：选择待标注线段起点和终点后向外或内拖动光标，指定尺寸线的位置，系统将会自动进行标注。

【**示例 6-1**】 打开"示例 1（原图）.dwg"，按图 6-2 标注尺寸。

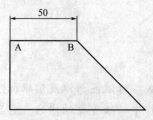

图 6-2 线性尺寸标注

命令：_dimlinear
指定第一条尺寸界线原点或 <选择对象>：   //绘图区光标拾取第一条尺寸界限原点位置 A
<选择对象>：直接选择要标注的图形对象
指定第二条尺寸界线原点：   //光标拾取第二条尺寸界限原点位置 B
指定尺寸线位置或[多行文字(M)/文字(T)/角度(A)/水平(H)/垂直(V)/旋转(R)]：   //光标指定尺寸
线段位置

多行文字(M)：打开"多行文字编辑器"，可在其中编辑要标注的文字，尖括号<>中点内容为默认的标注内容
文字(T)：不按默认内容标注，输入要标注的文字内容
角度(A)：修改标注文字的倾斜角度
水平（H）：创建水平方向的线性尺寸标注
垂直(V)：创建垂直方向的线性尺寸标注
旋转(R)：将尺寸线旋转一定角度
标注文字 = 60

二、对齐标注

功能：测量倾斜的直线对象，尺寸线平行于倾斜的标注对象。启动方式如下。
☞ 菜单：选择"标注" ⇨ "对齐"命令。
☞ 标注工具栏："对齐标注"按钮 。
☞ 命令行输入：DIMALIGNED。
◆ **操作方式**：选择尺寸线段起点和终点后，指定尺寸线的位置，系统自动进行标注。

【**示例 6-2**】 打开"示例（原图）2.dwg"，按图 6-3 标注尺寸。

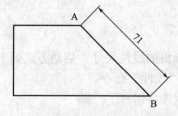

图 6-3 对齐尺寸标注

命令：_dimaligned

指定第一条尺寸界线原点或 <选择对象>：　　　　　//光标拾取第一条尺寸界限原点位置 A

<选择对象>：直接选择要标注的图形对象

指定第二条尺寸界线原点：　　　　　　　　//光标拾取第二条尺寸界限原点位置 B

指定尺寸线位置或[多行文字(M)/文字(T)/角度(A)]：　　　//光标指定尺寸线所在位置

多行文字(M)：打开"多行文字编辑器"，可在其中编辑要标注的文字，尖括号<>中点内容为默认的标注内容

文字(T)：不按默认内容标注，输入要标注的文字内容

角度(A)：修改标注文字的倾斜角度

标注文字 =70.71

三、连续标注

功能：快速地建立一系列首尾相连的连续尺寸测量。启动方式如下。

☛ 菜单：选择"标注" ⇨ "连续"命令。

☛ 标注工具栏："连续标注"按钮 ⊞。

☛ 命令行输入：DIMCONTINUE。

◆ **操作方式**：首先进行线性标注，启动连续标注命令，系统提示"指定第二条尺寸线原点或[放弃(U)/选择(S)] <选择>"时，选择要标注的位置，每一个连续尺寸都以前一个尺寸的第二条尺寸界限为第一条尺寸界限进行标注。

【示例6-3】 打开"示例3（原图）.dwg"，按图6-4标注尺寸。

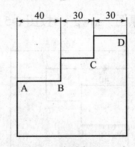

图6-4　连续标注尺寸

第一步：用线性标注（dimlinear）命令标注直线段 AB。

命令：_dimlinear

指定第一条尺寸界线原点或 <选择对象>：　//绘图区光标拾取第一条尺寸界限原点 A

指定第二条尺寸界线原点：指定尺寸线位置或[多行文字(M)/文字(T)/角度(A)/水平(H)/垂直(V)/旋转(R)]：　//绘图区光标拾取第二条尺寸界限原点 B

标注文字 =40

第二步：用连续标注（dimcontinue）命令标注直线段 BC、CD。

命令：_dimcontinue

指定第二条尺寸界线原点或 [放弃(U)/选择(S)] <选择>：　　　//光标拾取尺寸界限原点 C，标注 BC

选择(S)：重新选择连续标注第一条尺寸界限

标注文字 =30

85

指定第二条尺寸界线原点或 [放弃(U)/选择(S)] <选择>：	//光标拾取尺寸界限原点 D，标注 CD
标注文字 =30	
指定第二条尺寸界线原点或 [放弃(U)/选择(S)] <选择>：	//回车
选择连续标注：	//回车，终止命令

 说明

当系统出现"指定第二条尺寸线原点或[放弃(U)/选择(S)] <选择>"时，直接按回车键，可重新选择连续标注的起点；进行连续标注时，标注的连续尺寸数字只能按系统默认值。

四、基线标注

功能：快速测量一系列具有同一起点的相互平行、间距相等的尺寸，所标注的尺寸都是从同一点开始，即有一条共有的第一条尺寸界限。启动方式如下。

- ☛ 菜单：选择"标注" ⇨ "基线"命令。
- ☛ 标注工具栏："基线标注"按钮 ⊨。
- ☛ 命令行输入：DIMBASELINE。
- ◆ **操作方式**：首先进行线性标注，启动基线标注命令，系统"指定第二条尺寸线原点或[放弃(U)/选择(S)] <选择>"时，选择要标注的位置，每一个基线尺寸都是以基准尺寸的第一条尺寸界限为第一条尺寸界限标注。

【**示例 6-4**】 打开"示例 4（原图）.dwg"，按图 6-5 标注尺寸。

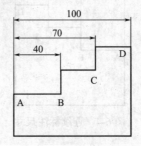

图 6-5 基线标注尺寸

第一步，用线性标注（dimlinear）命令标注直线段 AB。

命令：_dimlinear
指定第一条尺寸界线原点或 <选择对象>：
指定第二条尺寸界线原点：指定尺寸线位置或[多行文字(M)/文字(T)/角度(A)/水平(H)/垂直(V)/旋转(R)]：
标注文字 =40

第二步，用基线标注（dimbaseline）命令标注直线段 AC、AD。

命令：_dimbaseline	
指定第二条尺寸界线原点或 [放弃(U)/选择(S)] <选择>：	//光标拾取 C 点，标注 AC
标注文字 =70	

指定第二条尺寸界线原点或 [放弃(U)/选择(S)] <选择>:   //光标拾取 D 点，标注 AD
标注文字 =100
指定第二条尺寸界线原点或 [放弃(U)/选择(S)] <选择>:   //回车
选择基准标注: //回车，终止命令

说明

当系统出现"指定第二条尺寸线原点或[放弃(U)/选择(S)] <选择>"时，直接按回车键，可重新选择基线标注的基准线。

五、半径标注

功能：测量圆或圆弧的半径。启动方式如下。

☛ 菜单：选择"标注" ➪ "半径"命令。

☛ 标注工具栏："半径标注"按钮 ◎ 。

☛ 命令行输入：DIMRADIUS。

◆ **操作方式**：启动半径标注命令，指定尺寸线段位置。

【**示例 6-5**】 打开"示例 5（原图）.dwg"，按图 6-6 标注尺寸。

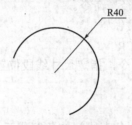

R40

图 6-6 标注半径

命令：_dimradius
选择圆弧或圆,   //鼠标拾取要标注的圆弧
标注文字 =40
指定尺寸线位置或 [多行文字(M)/文字(T)/角度(A)]:   //光标单击确定尺寸线位置
多行文字(M)：打开"多行文字编辑器"，可在其中编辑要标注的文字，尖括号<>中点内容为默认的标注内容
文字(T)：不按默认内容标注，输入要标注的文字内容
角度(A)：修改标注文字的倾斜角度

六、折弯半径标注

功能：测量圆或圆弧的半径，但需要指定一个位置代替圆或圆弧的圆心。启动方式如下。

☛ 菜单：选择"标注" ➪ "折弯"命令。

☛ 标注工具栏："折弯半径标注"按钮 ⌇ 。

☛ 命令行输入：DIMJOGGER。

◆ **操作方式**：启动折弯半径标注命令，指定标注的圆或圆弧对象，确定标注中心、尺寸线、折弯的位置。

【示例 6-6】 打开"示例 6（原图）.dwg"，按图 6-7 标注尺寸。

图 6-7 标注折弯半径

```
命令：_dimjogged
选择圆弧或圆：                          //光标选择要标注的圆弧
指定中心位置替代：                      //绘图区光标拾取指定折弯半径尺寸线的中心位置
标注文字 = 500
指定尺寸线位置或 [多行文字(M)/文字(T)/角度(A)]：        //光标指定尺寸线的位置
指定折弯位置：                          //光标指定折弯的位置
```

七、直径标注

功能：标注圆或圆弧的直径。启动方式如下。

- ☞ 菜单：选择"标注" ⇨ "直径"命令。
- ☞ 绘图工具栏："直径标注"按钮 ⊘。
- ☞ 命令行输入：DIMDIAMETER。
- ◆ **操作方式**：启动直径标注命令，指定尺寸线段位置。

八、角度标注

功能：测量圆或圆弧的角度、两条直线间的角度或三点之间的角度尺寸。启动方式如下。

- ☞ 菜单：选择"标注" ⇨ "角度"命令。
- ☞ 标注工具栏："角度标注"按钮 △。
- ☞ 命令行输入：DIMANGULAR。
- ◆ **操作方式**：启动角度标注命令，选择标注的直线、圆弧对象，指定尺寸线位置。

【示例 6-7】 打开"示例 7（原图）.dwg"，按图 6-8 标注尺寸。

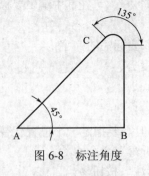

图 6-8 标注角度

第一步，标注角度 135°。

```
命令：_dimangular
选择圆弧、圆、直线或 <指定顶点>：              //绘图区光标拾取圆弧，标注圆弧角度
```

<指定顶点>：直接按回车键，可选择"<指定顶点>"选项，按"顶点、端点、端点"方式标注由三点构成的角度
指定标注弧线位置或 [多行文字(M)/文字(T)/角度(A)]：   //光标指定尺寸线位置
标注文字 =135

　　第二步，标注角度 45°。

命令：_ dimangular
选择圆弧、圆、直线或 <指定顶点>：   //绘图区光标拾取直线段 AB
选择第二条直线： //光标拾取直线段 AC
指定标注弧线位置或 [多行文字(M)/文字(T)/角度(A)]   //光标指定标注弧线位置
标注文字 =45

九、圆心标记

功能：在圆和圆弧圆心位置创建标记。启动方式如下。
- 菜单：选择"标注" ⇨ "圆心标记"命令。
- 标注工具栏："圆心标注"按钮 ⊙。
- 命令行输入：DIMCENTER。
- ◆ **操作方式**：启动命令后，选择要标注圆心标记的圆或圆弧。

十、快速标注

功能：对选定图形中趋势相同的线条一次性快速进行标注。启动方式如下。
- 菜单：选择"标注" ⇨ "快速标注"命令。
- 标注工具栏："快速标注"按钮 。
- 命令行输入：QDIM。
- ◆ **操作方式**：启动命令后，选择要进行快速标注的图形，向水平或垂直方向拖动鼠标。

十一、坐标标注

功能：用于测量从原点到要素的水平或垂直距离。启动方式如下。
- 菜单：选择"标注" ⇨ "坐标标注"命令。
- 标注工具栏："快速标注"按钮 。
- 命令行输入：DIMORDINATE。
- ◆ **操作方式**：启动命令后，选择要进行坐标标注图形的基点，按照命令行提示操作。

第三节　尺寸标注设置

一、尺寸样式

功能：用于设置尺寸的外形，如文字样式、颜色、高度，尺寸线颜色、位置等。启动方式如下。
- 菜单：选择"格式" ⇨ "标注样式"命令。

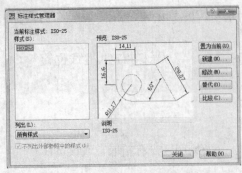

图 6-9 "标注样式管理器"对话框

☞ 标注工具栏："标注"按钮 。

☞ 命令行输入：DIMSTYLE。

◆ **操作方式**：启动命令后，显示如图 6-9 所示"标注样式管理器"对话框，通过对话框的操作，可创建新样式，也可对已有的样式进行修改。

（一）标注样式管理器

在标注样式管理器对话框内，各项含义如下所示。

"样式"列表：显示标注样式，单击右键，可对指定的样式进行置为当前、重命名和删除等操作。

"预览"和"说明"栏：显示指定标注样式的预览图像和说明文字。

"置为当前"按钮：将指定的标注样式设置为当前的样式。

"新建"按钮：创建新标注样式。

"修改"按钮：修改指定的标准样式。

"替代"按钮：为当前的样式创建样式替代。

"比较"按钮：列表显示两种样式设定的区别。

（二）新建标注样式

在"标注样式管理器"中，新建、修改、替代等虽然设定形式不同，但是选定一项打开后对话框形式却是相同的，操作方式也相同，下面就其打开的对话框中的选项卡中各子功能进行介绍。

1. "线"选项卡

设置尺寸线、延伸线的格式与位置。包括"尺寸线"和"延伸线"两个选项组，如图 6-10 所示。"线"选项卡可以设置尺寸线、延伸线的格式和特性，具体功能设置如下所述。

"颜色"下拉列表：设置尺寸线、延伸线的颜色。默认情况下，尺寸线的颜色随块设置。

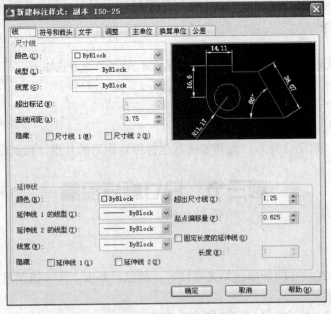

图 6-10 "线"选项卡

"线型"下拉列表：设置尺寸线、延伸线的线型。

"线宽"下拉列表：设置尺寸线、延伸线的宽度。默认情况下，尺寸线的线宽随块设置。

"超出标记"数值框：当尺寸线的箭头采用倾斜、小点、积分或无标记等样式时，使用该数值框可以设置尺寸线超出延伸线的长度。

"延伸线 1 的线型"和"延伸线 2 的线型"下拉列表：分别设置延伸线 1 和延伸线 2 的线型。

"超出尺寸线"数值框：用于设置延伸线超出尺寸线的距离。

"起点偏移量"数值框：设置延伸线的起点与标注定义点的距离。

2."符号和箭头"选项卡

在该对话框中，可以设置尺寸线和引线箭头的类型及尺寸大小等，如图 6-11 所示。AutoCAD 2009 设置了二十多种箭头样式来适用不同类型的图形标注需要。可以从对应的下拉列表中选择箭头，并在"箭头大小"数值框中设置其大小。

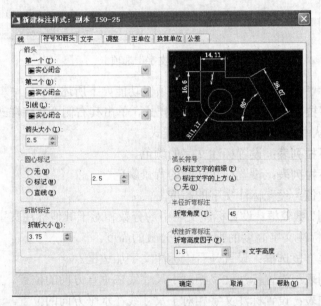

图6-11 "符号和箭头"选项卡

"圆心标记"选项组中，可以设置圆或圆弧的圆心标记类型，有"标记"、"直线"、"无"三种选择。当选择"标记"或"直线"单选按钮时，可以在"大小"数值框中设置圆心标记的大小。

"弧长符号"选项组中，可以设置弧长符号显示的位置，包括"标注文字的前缀"、"标注文字的上方"和"无"三种方式。

"半径折弯标注"选项组中，可以控制折弯半径标注的显示，折弯半径标注通常在圆或圆弧的圆心位于页面外部时创建。其中，折弯角度指尺寸线的横向线段的角度。

"线性折弯标注"选项组中，可以控制线性标注折弯的显示。当标注不能精确表示实际尺寸时，通常将折弯线添加到线性标注中。线性折弯大小通过形成折弯的角度的两个顶点之间的距离确定折弯高度。

3."文字"选项卡

"文字"选项卡可以设置标注文字的外观、文字位置和文字对齐方式。如图 6-12 所示。

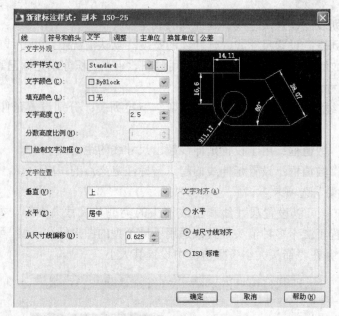

图 6-12 "文字"选项卡

在该对话框中，"文字"选项卡的部分选项组功能如下所述。

"文字样式"下拉列表：选择标注的文字样式，单击其右侧"文字样式"按钮 显示"文字样式"对话框，从中可以定义或修改文字样式。

"文字颜色"下拉列表：设置标注文字的颜色。

"填充颜色"下拉列表：设置标注文字的背景颜色。

"文字高度"数值：设置标注文字的高度。

"分数高度比例"数值框：设置标注文字中的分数相对于其他标注文字的比例，AutoCAD 2009 将该比例值与标注文字高度的乘积作为分数的高度。

"绘制文字边框"复选框：设置是否给标注文字加边框。

"垂直"下拉列表：设置标注文字相对于尺寸线在垂直方向的位置。

"水平"下拉列表：设置标注文字相对于尺寸线在水平方向的位置。

"从尺寸线偏移"数值框：设置标注文字与尺寸线之间的距离。

"文字对齐"选项组：选择文字的对齐方式。

4．"调整"选项卡

"调整"选项卡可以控制标注文字、箭头、引线和尺寸线的放置，如图 6-13 所示。

"调整选项"可以确定当延伸线之间没有足够的空间同时放置标注文字和箭头时，首先应从延伸线之间移出的对象。

"标注特征比例"选项可以设置标注尺寸的特征比例，以便通过设置全局比例来增加或减少各标注的大小。

"文字位置"选项可以设置标注文字的位置，有"尺寸线旁边"、"尺寸线上方，带引线"和"尺寸线上方，不带引线"三种选项。

5．"主单位"选项卡

"主单位"选项卡可以设置主标注单位的格式和精度，并能设置标注文字的前缀和后缀，如图 6-14 所示。

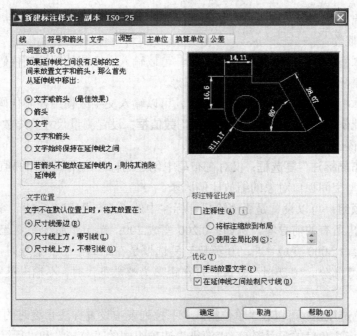

图 6-13 "调整"选项卡

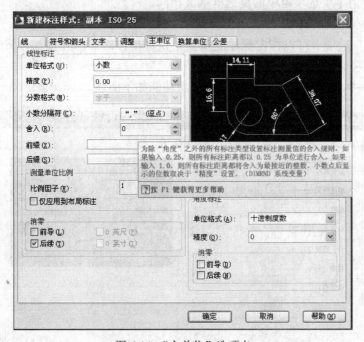

图 6-14 "主单位"选项卡

在该对话框中，"主单位"的部分选项组功能如下所示。

"**单位格式**"下拉列表：设置除角度之外的所有标注类型的当前单位格式。

"**精度**"下拉列表：显示和设置标注文字中的小数位数。

"**分数格式**"下拉列表：设置分数格式，可以选择"水平"、"对角"、"非堆叠"三种方式。

"**小数分隔符**"下拉列表：设置用于十进制格式的分隔符。

"**舍入**"数值框：为除"角度"之外的所有标注类型设置标注测量值的舍入规则。如果输入"0.5"，则所有标注距离都以 0.5 为单位进行舍入；如果输入"1.0"，则所有标注距离都将舍入为最接近的整数。

"前缀"文本框：在标注文字中包含前缀。可以输入文字或使用控制代码显示特殊符号，在标注里输入控制代码"%%C"，显示直径符号。

"后缀"文本框：在标注文字中包含后缀。可以输入文字或使用控制代码显示特殊符号。

"测量单位比例"选项组中的"比例因子"数值框：设置测量尺寸的缩放比例，AutoCAD 的实际标注值为该比例与测量值的积。

"仅应用到布局标注"复选框：仅对在布局中创建的标注应用线性比例值。这使长度比例因子可以反映模型空间视口对象的缩放比例因子。

"消零"选项组：可以设置是否消除尺寸标注中的"前导"和"后续"零。选中"前导"复选框，则不输出所有的前导零，例如：0.200 变成.200；选中"后续"复选框，则不输出所有后续零，例如：1.5000 变成 1.5。"0 英尺"复选框是在距离小于一英寸时，不输出英寸-英尺型标注中的英寸部分。"0 英寸"复选框是在距离为整数英尺时，不输出英寸-英尺型标注中的英寸部分。

"角度标注"选项组：可以在"单位格式"下拉列表中设置标注角度时的单位；在"精度"下拉列表中设置标注角度的尺寸精度；"消零"选项组中的"前导"和"后续"复选框，与前面线性标注的"消零"选项组中的复选框意义相同。

6. **"换算单位"选项卡**

"换算单位"选项卡可以指定标注测量值中换算单位的显示并设置其格式和精度，如图 6-15 所示。

在该对话框中，"换算单位"的部分选项组功能如下所述。

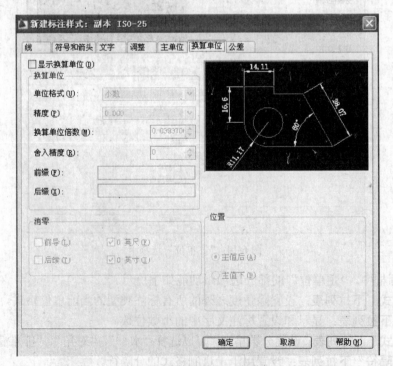

图 6-15 "换算单位"选项卡

"单位格式"下拉列表：设置换算单位的单位格式，有小数、分数、科学等选项。

"精度"下拉列表：设置换算单位的小数位数。

"换算单位倍数"数值框：设置主单位与换算单位之间的换算因子。

"舍入精度"数值框：设置除角度之外的所有标注类型的换算单位的舍入规则。

"前缀"文本框：在换算标注文字中包含前缀，可以输入文字或使用控制代码显示特殊符号。

"后缀"文本框：在换算标注文字中包含后缀，可以输入文字或使用控制代码显示特殊符号。

"消零"选项组：可以设置是否消除尺寸标注中的"前导"和"后续"零。

"位置"选项组：选择换算单位的放置位置。

7."公差"选项卡

"公差"选项卡可以控制标注文字中公差的格式及显示，如图6-16所示。

图6-16 "公差"选项卡

在该对话框中，"公差格式"的部分选项功能如下所述。

"方式"下拉列表：设置计算公差的方法，选择"无"为不添加公差；选择"对称"为添加公差的正/负表达式，其中一个偏差量的值应用于标注测量值，标注后面将显示加号或减号；选择"极限偏差"为添加正负公差表达式，不同的正公差和负公差值将应用于标注测量值；选择"极限尺寸"为创建极限标注，在此类标注中，将显示一个最大值和一个最小值，一个在上，另一个在下，最大值等于标注值加上在"上偏差"中输入的值，最小值等于标注值减去在"下偏差"中输入的值；选择"基本"将创建基本标注，这将在整个标注范围周围显示一个框。

"精度"下拉列表：设置小数位数。

"上偏差"数值框：设置最大公差或上偏差。

"下偏差"数值框：设置最小公差或下偏差。

"高度比例"数值框：设置公差文字的当前高度。

"垂直位置"下拉列表：控制对称公差和极限偏差的文字对正。垂直位置共有三种文字对正方式。

"公差对齐"单选按钮组：在堆叠时控制上偏差值和下偏差值的对齐。

"消零"选项组：可以设置是否消除尺寸标注中的"前导"和"后续"零。

"换算单位公差"选项组中的"精度"下拉列表：显示和设置小数位数。

二、尺寸标注编辑

在 AutoCAD 2009 中，可以对已经标注对象的间距、标注文字的位置和大小、标注样式等内容进行修改，而不必删除所标注的尺寸对象后再重新进行标注，并能检查公差的范围，对修改的图形重新关联尺寸，如表 6-1 所示。

表 6-1　常用尺寸标注编辑命令

按钮或菜单	命令	功能	作用
〖∐〗	DIMSPACE	标注间距	调整线性标注和角度标注之间的间距
┼	DIMBREAK	折断标注	使标注尺寸、延伸性或引线不显示
↙	DIMIMINSPECT	检验	确保标注值和部件公差位于指定范围内
⋀	DIMJOGLINE	折弯线性	将折弯添加到线性标注
↗	DIMEDIT	编辑标注	改变标注文字内容和放置的位置
A	DIMTEDIT	编辑标注文字	修改文字的尺寸和位置
┡	DIMSTYLE	标注更新	使标注采用当前标注样式
↷ 替代(V)	DIMORERRIDE	替代	使当前标注按修改标注变量值来重新设置
⇄图 重新关联标注(N)	DIMREASSOCIATE	重新关联标注	指所标注尺寸与被标注对象有关联关系

复习思考题

1．利用编辑标注命令和"特性"选项板编辑图形"侧壁"的标注，如图 6-17 所示。

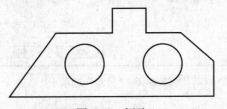

图 6-17　侧壁

2．新建"机械标注"样式，对图形"导向块.dwg"进行标注，如图 6-18 所示。

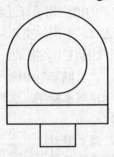

图 6-18　导向块

3. 新建"建筑标注"样式，对图形"建筑轮廓图.dwg"进行标注，如图 6-19 所示。

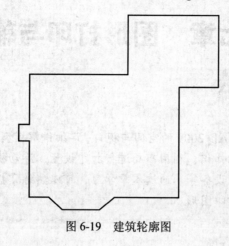

图 6-19　建筑轮廓图

第七章　图形打印与输出

学习指南

本章主要介绍 AutoCAD 2009 的空间与视口，详细讲解模型空间、图纸空间（布局）、视口和打印等方面的基础知识、利用布局进行打印设置、浮动视口的应用以及打印样式的创建和编辑、添加绘图设备等。通过本章学习，可以熟练掌握布局的使用和打印图像的设置，并能够快速地打印图形。

第一节　空间与视口

在 AutoCAD 中有两个工作空间，分别是"模型空间"和"图纸空间"。为了便于与其他设计人员交流思想、产品生产加工或工程施工，通常在"模型空间"进行绘图，在"图纸空间"进行排版，即规划视图的位置与大小，将不同比例的视图安排在一张图纸上并对它们标注尺寸，给图纸加上图框、标题栏、文字注释等内容，然后打印输出。

一、模型空间

"模型空间"中的"模型"是指在 AutoCAD 中用绘制与编辑命令生成的代表现实世界物体的对象，是建立模型时所处的 AutoCAD 环境，可以按照物体的实际尺寸绘制、编辑二维或三维图形，也可以进行三维实体造型，还可以全方位地显示图形对象，它是一个三维环境。因此人们使用 AutoCAD 首先是在"模型空间"工作。

当启动 AutoCAD 后，默认处于"模型空间"，绘图窗口下面的"模型"选项卡是激活的。尽管"模型空间"只有一个，但用户却可以为图形创建多个布局图，以适应各种不同的要求。例如，用户可以通过创建多个布局图在不同的图纸中分别打印图形的不同部分。

单击绘图界面左下角的"模型"选项卡或"布局"选项卡可以在"模型空间"和"图纸空间"之间进行切换。例如，用户可以通过创建多个布局图在不同的图纸中分别打印图形的不同部分。打开样图文件"辐流式沉淀池施工图.dwg"，单击电脑桌面左下角"模型"选项卡，这时 AutoCAD 2009 表示为"模型空间"，如图 7-1 所示。

二、图纸空间

"图纸空间"的"图纸"与真实的图纸相对应，"图纸空间"是设置、管理视图的 AutoCAD 环境。在"图纸空间"可以按模型对象不同方位显示视图，按合适的比例在"图纸"上表示出来，还可以定义图纸的大小、生成图框和标题栏。"模型空间"中的三维对象在"图纸空间"中是用二维平面上的投影来表示的，因此它是一个二维环境。

人们在模型建立好后，就要进入"图纸空间"来规划视图的位置与大小，也就是将"模型空间"中不同视角下产生的视图，或具有不同比例的视图在一张图纸上表现出来。

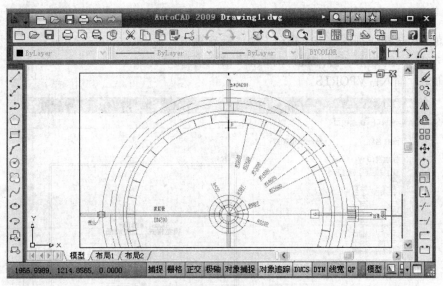

图 7-1 "模型空间"中辐流式沉淀池施工图

"布局"相当于"图纸空间"环境。一个"布局"就是一张图纸，并提供预置的打印页面设置。在"布局"中，可以创建和定位视口，并生成图框、标题栏等。利用"布局"可以在"图纸空间'方便快捷地创建多个视口来显示不同的视图；而且每个视图都可以有不同的显示缩放比例、冻结指定的图层。

在一个图形文件中"模型空间"只有一个，而"布局"可以设置多个。这样就可以用多张图纸多侧面地反映同一个实体或图形对象。例如，将在"模型空间"绘制的环境环境工程图拆成多张不同部位图；或将某一工程的总图拆成多张不同专业的图纸。

三、视口与浮动视口

（一）视口

单击"布局"选项卡，AutoCAD 2009 表示为"图纸空间"，如图 7-2 所示。图中包含图形的四边形实线框称为"视口"。

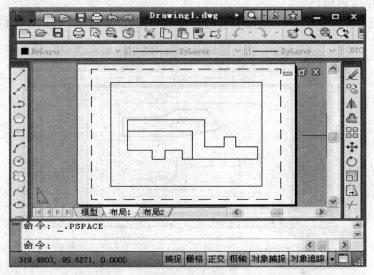

图 7-2 图纸空间

打开"视口"对话框（见图7-3）的方法有下面几种。

☛ 菜单：选择"视图" ⇨ "视口" ⇨ "新建视口"命令。

☛ "布局"工具栏："显示视口对话框"图标按钮 。

☛ 命令行输入：VPORTS。

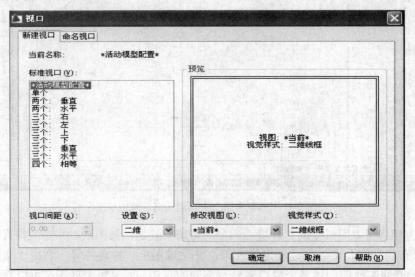

图 7-3 "视口"对话框

（二）浮动视口

在 AutoCAD 2009 中，"布局"中的"浮动视口"可以是任意形状，个数也不受限制。可以根据需要在一个布局中创建新的多个视口，每个视口可以显示图形不同方位的投影，以便清楚、全面地描述"模型空间"图形的形状与大小。

在"布局"中创建浮动视口的方式如下所示。

☛ 菜单：选择"视图" ⇨ "视口"命令。

☛ 视口工具栏："显示视口"按钮 、"单个视口"按钮 、"多边形视口" 按钮和"将对象转换为视口"按钮 。

☛ 命令行：VPORTS。

执行上面任一个命令后，在布局窗口创建浮动视口即可，如图7-4布局中加粗线条窗口所示。

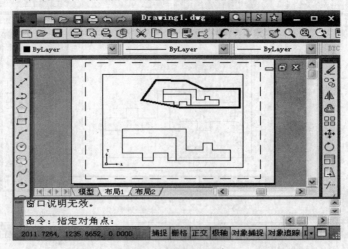

图 7-4 "浮动视口"窗口

第二节 绘图设备与打印样式

一、添加打印机/绘图仪

在主菜单"文件"⇨"绘图仪管理器",双击"DWF6 ePlot.pc3"文件,可以弹出"绘图仪配置编辑器"对话框,如图 7-5 所示。此对话框可以对打印机或绘图仪的一些物理特性进行设置。

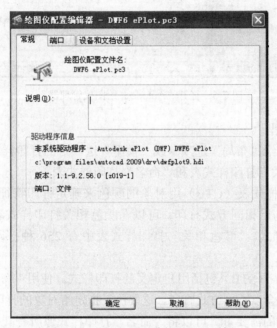

图 7-5 "绘图仪配置编辑器"对话框

二、添加配置非系统打印机

AutoCAD 2009 在"打印"和"页面设置"对话框中都列出了针对 Windows 配置的打印机或绘图仪。一般情况下,不需要添加或配置打印机。但如果要在对于大幅面的绘图仪,或非本机的网络绘图仪出图,就要进行配置工作,创建配置文件,打开"Autodesk 绘图仪管理器",如图 7-6 所示。

三、添加与编辑打印样式

(一)打印样式

同线型和颜色一样,"打印样式"也是对象特性。可以将"打印样式"指定给对象或图层。"打印样式"控制对象的打印特性,包括颜色、抖动、灰度、笔号、虚拟笔、淡显、线型、线宽线条端点样式、线条连接样式、填充样式等。

使用"打印样式"给用户提供了很大的灵活性,因为用户可以设置"打印样式"来替代其他对象特性,也可以按用户需要关闭这些替代设置。"打印样式"组保存在以下两种打印样式表中:"颜色相关(CTB)"和"命名(STB)"。"颜色相关"打印样式表根据对象的颜色设置样式。"命名"打印样式可以指定给对象,与对象的颜色无关。

101

图 7-6 打开 "Autodesk 绘图仪管理器"

（二）打印样式类型

打印样式表是指定给"布局"选项卡或"模型"选项卡的打印样式的集合。打印样式表有两种类型："颜色相关"打印样式表和"命名"打印样式表。

"颜色相关"打印样式表（CTB）用对象的颜色来确定打印特征（如线宽）。例如，图形中所有红色的对象均以相同方式打印。可以在颜色相关打印样式表中编辑打印样式，但不能添加或删除打印样式。"颜色相关"打印样式表中有 256 种打印样式，每种样式对应一种颜色。

"命名"打印样式表（STB）包括用户定义的打印样式。使用"命名"打印样式表时，具有相同颜色的对象可能会以不同方式打印，这取决于指定给对象的打印样式。"命名"打印样式表的数量取决于用户的需要量。可以将"命名"打印样式像所有其他特性一样指定给对象或布局。

（三）打印样式的编辑

1. 添加打印样式表

选择主菜单"工具" ⇨ "向导" ⇨ "添加打印样式表"，如图 7-7 所示。接下去按提示操作添加打印样式表。

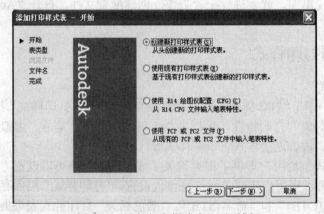

图 7-7 "添加打印样式表"对话框

2．使用命名打印样式表

"命名"打印样式表使用直接指定给图层或对象的打印样式。这些打印样式表文件的扩展名为.stb，使用这些打印样式表可以使图形中的每个对象以不同颜色打印，可与对象本身的颜色无关。

通过"图层特性管理器"为对象所在的图层设置打印样式，在"活动打印样式表"下拉列表中可以看到可使用的 AutoCAD 预定义的打印样式表文件，从中选择一个打印样式表文件，例如 monochrome. stb，这时该文件中的所有可用的打印样式就显示在上面的"打印样式"区中；再从中为这一图层指定一种打印样式。

在"打印"对话框的"打印样式表"区中可以看到当前的打印样式表就是 monochrome. stb，从下拉列表中可以调换为其他打印样式表；或单击"编辑"按钮，打开"打印样式表编辑器"对话框，根据需要修改当前打印样式表中的打印样式。

3．使用颜色相关打印样式表

使用"颜色相关"打印样式表时，用户不能为某个对象或图层指定打印样式。要为单个对象指定打印样式特性，必须修改对象或图层的颜色。

可以为布局指定"颜色相关"打印样式表，可以使用多个预定义的颜色相关打印样式表、编辑现有的打印样式表或创建用户自己的打印样式表。

使用"颜色相关"打印样式表的方法是：选择主菜单"工具" ⇨ "向导" ⇨ "添加打印样式表"，出现"添加颜色相关打印样式表"对话框，如图 7-8 所示，即可应用到要打印的相应的设计图形上。

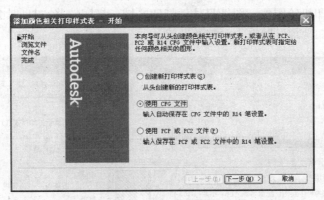

图 7-8 "添加颜色相关打印样式表"对话框

第三节　打印与输出

一、页面设置管理器

页面设置选项区域保存了打印时的具体设置，可以将设置好的打印方式保存在页面设置文件中，供打印时调用，在模型空间中打印时，没有与之关联的页面设置文件，而每一个布局都有自己专门的页面设置文件。在此对话框中做好设置后，单击"添加"按钮，给出名字，就可以将当前的打印设置保存到命名页面设置中。

可以采用以下方法之一打开如图 7-9 所示的"页面设置管理器"对话框。

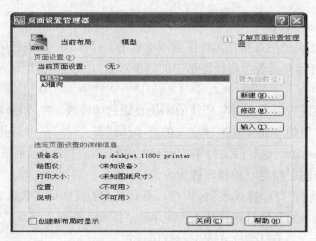

图 7-9　"页面设置管理器"

- 菜单：选择"文件" ⇨ "页面设置管理器"命令。
- 在"布局"选项卡上单击鼠标右键，然后单击"页面设置管理器"。
- 在"模型"选项卡上单击鼠标右键，然后单击"页面设置管理器"。
- 在命令行输入：PAGESETUP。

"页面设置管理器"对话框的主要功能是显示当前页面设置，将另一个不同的页面设置为当前。创建新的页面设置、修改现有页面设置及从其他图纸中输入页面设置。

"页面设置"对话框，如图 7-10 所示，主要用来指定页面布局和打印设备的设置，具体地说，主要包括打印机绘图仪、图纸尺寸、打印区域、打印偏移、打印比例、打印样式表、着色视口选项、打印选项、图形方向等的设置。

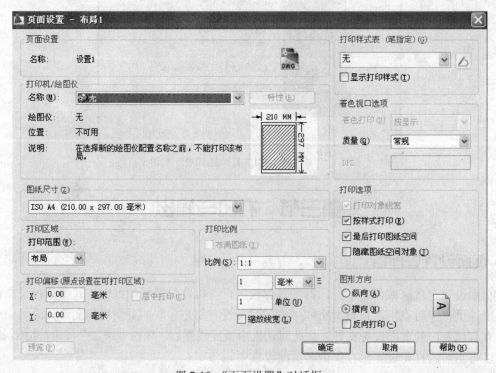

图 7-10　"页面设置"对话框

二、打印输出

打开如图 7-11 所示的"打印"对话框可以采用以下方法。

- 单击"标准"工具栏"打印机"图标🖨。
- 单击"文件"下拉菜单"打印"命令。
- 在"模型"选项卡或布局选项卡上单击鼠标右键，打开"快捷菜单"，单击"打印"。
- 在命令行输入 PLOT。

"打印"对话框可以用来指定设备和介质设置，然后打印图形。"页面设置"对话框的标题显示了当前布局的名称。单击"更多选项"按钮 ⊙，可以在"打印"对话框中显示更多选项。

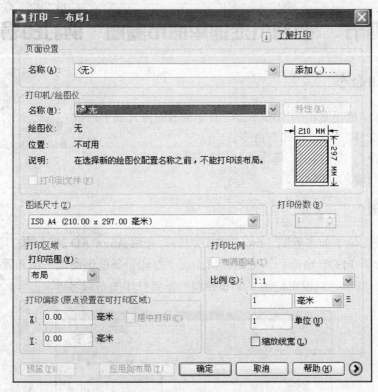

图 7-11 "打印"对话框

在"图纸尺寸"下拉列表中，确认图纸的尺寸；在"打印份数"编辑框中确定打印份数。如果选定了某种打印机，AutoCAD 会将此打印机驱动里的图纸信息自动调入"图纸尺寸"下拉列表中供用户选择。

如果需要的图纸尺寸不在列表中，可以自定义图纸尺寸，方法是在如图 7-5 所示的"绘图仪配置编辑器"对话框中选择"自定义图纸尺寸"，但是要注意，自定义的图纸尺寸不能大于打印机所支持的最大图纸幅面。

在"打印区域"选项区域中确定打印范围，其中：

"范围"是指图纸空间的当前布局。

"窗口"是指用开窗的方式在绘图窗口指定打印范围。

"显示"是指当前绘图窗口显示的内容。

105

"图形界限"是指模型空间或图纸空间"图形界限(LIMITS)命令"定义的绘图界限。

"打印比例"选项区域的"比例"下拉列表中选择缩放比例，或在下面的编辑框中输入自定义值。

"通常线宽"用于指定对象的宽度，并按其宽度进行打印，与打印比例无关。若按打印比例缩放线宽，需选择"缩放线宽"复选框。如果图形要缩小为原来尺寸的一半，则打印比例为1:2，这时线宽也将随之缩放。

"打印偏移"选项区域内输入 X、Y 偏移量，以确定打印区域相对于图纸原点的偏移距离；若要选中"居中打印"复选框，则 AutoCAD 可以自动计算偏移值，并将图形居中打印。

在"打印样式表"下拉列表中选择所需要的打印样式表。

在"图形方向"选项区域确定图形在图纸上的方向，以及是否"反向打印"。

第四节 "斜板沉淀池平面布置图"的打印输出

一、激活打印命令

使用系统打印机是常用的出图方式，命令激活的方式如下：

- ☛ 选择"文件" ⇨ "打印"命令。
- ☛ 在"标准"工具栏中，单击"打印"按钮。
- ☛ 从命令行输入：PLOT。

二、打印出图

以"斜板沉淀池平面布置图. dwg"文件为例，介绍 AutoCAD 2009 的打印输出过程。

步骤 1 激活 PLOT 命令后，绘图窗口出现"打印一斜板沉淀池平面布置图"对话框，如图 7-12 所示，其中"斜板沉淀池平面布置图"是要打印的布局名。

图 7-12 "打印一斜板沉淀池平面布置图"对话框

步骤 2 如果在"页面设置管理器"中定义过页面设置，则通过"页面设置"选项组的"名称"下拉列表框即可选用，否则需要进行打印输出页面的设置。

步骤 3 从"打印机/绘图仪"选项组的"名称"下拉列表框中选择系统打印机，例如 hpLaser Jet 1020 Series Driver；若要将图形输出到文件，则应选中"打印到文件"复选框。

步骤 4 在"图纸尺寸"下拉列表中，确认指定图纸尺寸；在"打印份数"微调框中确定打印份数。

步骤 5 在"打印区域"选项组中确定打印范围"显示"，当"模型"选项卡被激活时，如图 7-13 所示。

步骤 6 "打印比例"选项组的"比例"下拉列表中选择标准缩放比例，或在下面的文本框中输入自定义值。

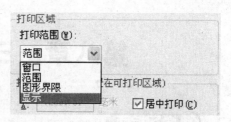

图 7-13 "打印区域"选项组

步骤 7 "线宽"用于指定对象图线的宽度，并按其宽度进行打印，与打印比例无关。

若按打印比例缩放线宽，需选中"缩放线宽"复选框。如果图形要缩小为原尺寸的一半，则打印比例为 1:2，这时线宽也将随之缩放。

步骤 8 "偏移"选项组内输入 X、Y 偏移量，以确定打印区域相对于图纸原点的偏移距离；若要选中"居中打印"复选框，则 AutoCAD 可以自动计算偏移值，并将图形居中打印。

步骤 9 "打印样式表"下拉列表框中选择所需要的打印样式表（有关如何创建打印样式）。

步骤 10 "着色窗口选项"选项组的"质量"下拉列表框中选择打印精度；如果打印一个包含三维着色实体的图形，还可以控制图形的"着色"模式。

步骤 11 "图形方向"选项组确定图形在图纸上的方向，以及是否"反向打印"。

步骤 12 单击"预览"按钮，即可按图纸上将要打印出来的样式显示图形。右击激活的快捷菜单，选择"退出"选项，即可回到"打印"对话框，进行调整。

步骤 13 单击"应用到布局"按钮，当前"打印"对话框中的设置被保存到当前布局。

步骤 14 单击"确定"按钮，即可从指定设备输出纸介质图纸。

复习思考题

1．AutoCAD 2009 图形打印命令有几种启动方式？

2．打开 AutoCAD 2009，绘制图形，练习设置不同图纸大小时打印格式设置。

3．打印之前绘制好的工程施工图形，试比较选择不同打印样式时打印效果有何区别。

第八章 三维图形绘制与编辑

🔍 **学习指南**

本章主要学习 AutoCAD 2009 如何创建三维线框模型、三维表面模型和三维实体模型。通过对三维实体模型进行各种实体编辑、着色和渲染等操作，绘制出形象逼真的实物模型，使一些在二维平面图中无法表达的部件细节，清晰而形象地展现在图纸上。

第一节 用户坐标系

一、用户坐标系（UCS）简介

用 AutoCAD 2009 绘制二维图形时，一般使用世界坐标系（WCS），对于绘制平面不变的二维图形来说，世界坐标系已经可以满足其要求。但对于三维图形，由于每个点都可能有互不相同的 X、Y、Z 坐标值，此时仍用原点和各坐标轴方向固定不变的世界坐标系，会给用户绘制三维图形带来很大的不便。如在二维图形上绘制一个圆是很容易的操作，但要在世界坐标系中在图 8-1 所示长方体的任意某个面中绘制一个圆，则是很困难的操作，这时如果直接执行绘制命令，则往往得不到所需的结果。因此在 AutoCAD 三维状态中绘出的平面图形，总是在与当前坐标系 XY 平面平行的平面上。

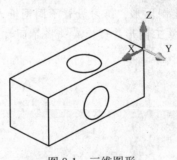

图 8-1 三维图形

二、用户坐标系操作

在 AutoCAD 2009 中，可以根据用户的需求来制定坐标系统，即用户坐标系（User Coordinate System，简称 UCS）。制定适合用户需要的坐标系统，可以比较方便绘制用户所需的图形。

建立用户坐标系可用如下方式。

☞ 菜单：选择"工具" ⇨ "新建 UCS" ⇨ "子菜单"。

☞ 工具栏：单击"UCS"及"UCS II"中的"UCS"相应按钮。

☛ 命令：UCS。

"UCS"工具栏及"UCSⅡ"工具栏的外形可参见图 8-2 所示。

图 8-2 "UCS"工具栏及"UCSⅡ"工具栏

启动"UCS"命令后，出现提示：

输入选项[新建（N）/正交（G）/上一个（P）/保存（S）/删除（D）/应用（A）/? /世界（W）]<世界>：

上述选项是 AutoCAD 2009 对用户坐标系进行操作的全部方式，在新的用户坐标系统创建成功以前，所输入的坐标值都是指原坐标系中的坐标值，下面分别介绍。

（一）创建新的用户坐标系统

指定新 UCS 的原点或[Z 轴（ZA）/三点（3）/对象（OB）/面（F）/视图（V）/X/Y/Z]<0,0,0>：

系统提示中的各项选项功能如下。

1. 指定新 UCS 的原点（或工具栏上）：缺省选项，为新的用户坐标系统指定新的原点，但 X、Y、Z 轴的方向不变。可直接用鼠标在屏幕上选取一点作为新的原点；也可以键入 X、Y、Z 坐标值作为新的原点，如果只键入 X、Y 坐标值，则 Z 坐标值将保持不变。

2. Z 轴（或工具栏上）：确定新的原点和 Z 轴的正方向（X 轴和 Y 轴方向不变）来创建新的 UCS。选择后出现提示：

指定新原点<0,0,0>：// 和前面"指定新 UCS 的原点"操作一样

在正 Z 轴范围上指定点<当前点坐标>；//输入或指定某一点，新原点和此点的连线方向为 Z 轴的正方向。直接按回车则新坐标系统的 Z 轴通过新原点且和原坐标系统的 Z 轴平行同向。

3. 三点（或工具栏上）：三点分别为新 UCS 的原点、X 轴上一点和 Y 轴上一点。然后出现提示：

指定新原点<0,0,0>：

在正 X 轴范围上指定点<当前点坐标>：//确定新 UCS 的 X 轴正方向上的任一点。

在 UCS XY 平面的正 Y 轴范围上指定点（当前点坐标）：//确定新 UCS 上 Y 坐标值为正且在 XOY 平面上的一点

4. 对象（或工具栏上）：根据用户指定的对象来创建新的 UCS。新 UCS 与所选对象具有相同的 Z 轴方向，原点和 X 轴正方向按规则确定，Y 轴方向则由右手规则确定。

选择后出现提示：

选择对齐 UCS 的对象：//选择用来确定新 UCS 的对象

5. 面（或工具栏）：根据三维实体表面创建新的 UCS。将新 UCS 的 XOY 平面对齐在所选三维实体的一面，且新原点为位于实体被选面且离拾取点最近的一个角点。选择后出现提示：

109

选择实体对象面：//选取三维实体的表面
输入选项[下一个（N）/X 轴反向（X）/Y 轴反方向（Y）]<接受>：

接受：表示接受当前所创建的 UCS。

下一个：表示将 UCS 移动到下一个相邻的表面或移动到所选面的后面。

X 轴反向：表示新的 UCS 绕 X 轴旋转 180°。

Y 轴反向：表示新的 UCS 绕 Y 轴旋转 180°。

6．视图（或工具栏上）：选择后将新 UCS 的 XOY 平面设为当前视图平行，即是新的 UCS 平行于计算机屏幕，且 X 轴指向当前视图中的水平方向，原点保持不变。

7．X/Y/Z（或工具栏上）：将原 UCS 绕 X（或 Y 或 Z）轴旋转指定的角度生成新的 UCS。以"X"为例，选择后出现提示：

指定绕 X 轴的旋转角度<90>：//用户可在此提示符下输入旋转角度，正负值由右手规则确定（假象用右手握住轴，拇指方向就是正方向，弯曲手指的方向是该轴正向旋转角度的方向）。

（二）移动

移动当前坐标系统的原点或沿 Z 轴方向移动。选择后出现提示：

指定新原点或[Z 向深度（Z）]<0,0,0>：//用户确定新的坐标原点

输入 Z 后出现提示：

指向 Z 向深度<0>：//用户可以输入坐标原点沿 Z 轴方向移动的距离

（三）正交

在六个预设置的正交方式中选择一个，也就是在图形的上、下、前、后、左、右六个方向选择一个视图。键入 G 后出现提示：

输入选项[俯视（T）/仰视（B）/主视（F）/后视（BA）/左视（L）/右试（R）]<当前正交视图>：

（四）其他功能

1．上一个（或工具栏上），选择后，将返回上一次的坐标系统，此命令最多可重复使用十次。

2．恢复：选用命名保存过的 UCS，使其成为新的 UCS。

3．保存：命名保存当前的 UCS 设置。

4．删除：删除以前保存的用户坐标系统。

5．应用（或工具栏上）：选择后出现提示：

拾取要应用当前 UCS 的视口或[所有（A）]<当前>：//用户确定是将当前 UCS 应用于指定视口，还是应用于所有视口。

6．？：列出当前图形文件中所有已命名的用户坐标系统。

7．世界（或工具栏上）：此选项是默认项，将当前 UCS 重置成世界坐标系（WCS）。

第二节　创建网格

在 AutoCAD 2009 中，可利用网格绘制三维曲面。可以在菜单浏览器下的"绘图"菜单中调用建模命令中的网格命令，如图 8-3 所示。"网格"菜单是指使用网格创建三维曲面图形，通过选择该菜单中的命令，可以完成对图形的编辑操作。

网格(M)

二维填充(2)

三维面(F)

边(E)

三维网格(M)

旋转网格(M)

平移网格(T)

直纹网格(R)

边界网格(D)

图 8-3 "网格"菜单

一、二维填充

二维填充是指创建实体填充的三角形和四边形。通过选择"绘图"➪ "建模"➪ "网格"
➪ "二维填充"命令（SOLID），进行二维填充。

进行二维填充时，命令行显示如下提示信息。

命令：solid
指定第一点：　　　　//指定二维填充图形第一点
指定第二点：　　　　//指定二维填充图形第二点
指定第三点：　　　　//指定二维填充图形第三点
指定第四点或 <退出>：　　//退出

操作时，应注意各点的选择应按逆时针方向 A、B、C 选定，如图 8-4 所示。

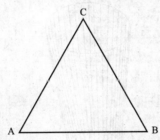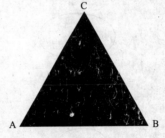

图 8-4 三角形填充前后的对比

二、绘制平面曲面

在这里将要介绍表面模型和实体模型的绘制方法。表面模型用面描述三维对象，它不仅
定义了三维对象的边界，而且还定义了表面即具有面的特征。实体模型不仅具有线和面的特
征，而且还具有体的特征，各实体对象间可以进行各种布尔运算操作，从而创建复杂的三维
实体图形。

在 AutoCAD 2009 中，选择菜单"绘图"➪ "建模"➪ "平面曲面"命令(PLANESURF)，
可以创建平面曲面或将对象转换为平面曲面对象。

绘制平面曲面时，命令行显示如下提示信息：

指定第一个角点或[对象（O）]< 对象 >：

在该提示信息下，如果直接指定点可绘制平面曲面，此时还需要在命令行的"指定其他角点"提示信息下输入其他角点坐标。如果要将对象转换为平面曲面，可以选择"对象（O）"选项，然后在绘图窗口中选择对象即可，如图 8-5 所示。

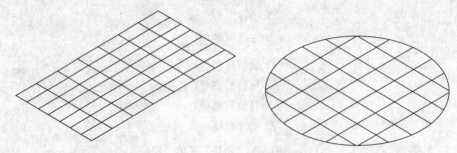

图 8-5　绘制"平面曲面"

三、三维网格

三维网格是指创建自由格式的多边形网格。通过选择"绘图" ⇨ "建模" ⇨ "网格" ⇨ "三维网格"命令(3DMESH)来建立，多边形网格由矩阵定义，其大小由 M 和 N 的尺寸值决定，且 M 和 N 等于必须指定的顶点数。

四、绘制直纹曲面

选择菜单"绘图" ⇨ "建模" ⇨ "网格" ⇨ "直纹网格"命令(RULESURF)，可以在两条曲线之间用直线连接从而形成直纹网格。这时可在命令行的"选择第一条定义曲线"提示信息下选择第一条曲线，在命令行的"选择第二条定义曲线"提示信息下选择第二条曲线，如图 8-6 所示。

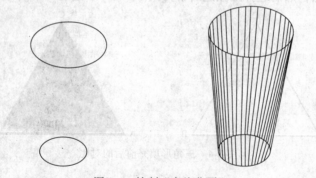

图 8-6　绘制"直纹曲面"

五、绘制旋转曲面

选择菜单"绘图" ⇨ "建模" ⇨ "网格" ⇨ "旋转网格"命令（REVSURF），可以将曲线绕旋转轴旋转一定的角度，形成旋转网格。旋转方向的分段数由系统变量 SURFTAB1 确定，旋转轴方向的分段数由系统变量 SURFTAB2 确定，如图 8-7 所示。

六、绘制平移曲面

选择菜单"绘图" ⇨ "建模" ⇨ "网格" ⇨ "平移网格"命令（RULESURF），可以将路

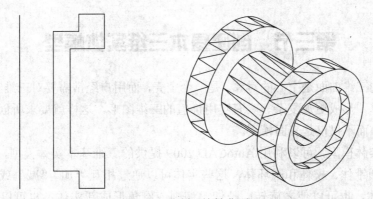

图 8-7 绘制"旋转曲面"

径曲线沿方向矢量进行平移后构成平移曲面。这时可在命令行的"选择用作轮廓曲线的对象"提示下选择曲线对象，在"选择用作方向矢量的对象"提示信息下选择方向矢量。当确定了拾取点后，系统将向方向矢量对象上远离拾取点的端点方向创建平移曲面。平移曲面的分段数由系统变量 SURFTAB1 确定，如图 8-8 所示。

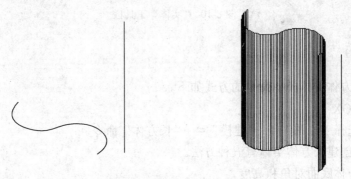

图 8-8 绘制"平移曲面"

七、绘制边界曲面

选择菜单"绘图" ⇨ "建模" ⇨ "网格" ⇨ "边界网格"命令(EDGESURF)，可以使用 4 条首尾连接的边创建三维多边形网格。这时可在命令行的"选择用作曲面边界的对象 1："提示信息下选择第一条曲线；在命令行的"选择用作曲面边界的对象 2："提示信息下选择第二条曲线；在命令行的"选择用作曲面边界的对象 3："提示信息下选择第三条曲线；在命令行的"选择用作曲面边界的对象 4："提示信息下选择第四条曲线，如图 8-9 所示。

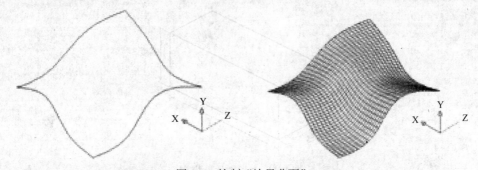

图 8-9 绘制"边界曲面"

第三节 创建基本三维实体模型

前面所讲的三维曲面是空心的对象，是一个空壳，而用户经常需要对三维实体进行打孔、挖槽等布尔运算，形成更加复杂、具有实用价值的三维图形，这样就要求所创建的三维实体应该是实心的，而不仅仅是表面模型。

创建三维实体模型，可以利用 AutoCAD 2009 提供的三维基本实体模型，如长方体、球体、圆柱体、圆锥体、楔体和圆环体，这些实体可以通过相互"加""减"或"交"形成更复杂的三维实体，也可以使之旋转、拉伸、切削或倒角形成新实体；也可以利用二维图形来创建。

创建三维实体可以从命令行直接输入命令，也可以使用菜单"绘图"⇨"建模"，从弹出的子菜单中选取所需的三维实体，或者使用"建模"工具栏按钮，如图 8-10 所示。

图 8-10 "实体"工具栏

一、长方体

启动创建长方体实体模型命令的方式如下。

☞ 命令：BOX

☞ 菜单：选择"绘图"⇨"建模"⇨"长方体"命令。

使用本命令创建长方体实体有五种方法。

1. 指定长方体底面对角和高度

这是生成长方体的缺省方法。如：

指定长方体的角度或[中心点（CE）]<0,0,0>：//确定长方体的一个顶点

指定角点或[立方体（C）/长度（L）]：@150,100✓ //确定长方体底面的对角点，由两个角点确定长方体的底面

指定高度：80✓ //确定长方体的高度

则生成如图 8-11 所示的长方体（设置为东南等轴测视图）。

长方体的长、宽、高是分别平行于当前 UCS 的 X、Y、Z 轴的。长方体的长、宽、高可正可负，正值表示方向与坐标轴正方向相同，负值则表示方向与坐标轴负方向相同。

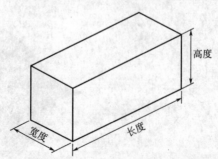

图 8-11 "长方体"模型

2．指定长方体的对角顶点

操作如下：

> 指定长方体的角点或[中心点（CE）]<0,0,0>：//输入或在屏幕上指定长方体的一个顶点
> 指定角点或[立方体（C）/长度（L）]：@150,100,80↙//确定长方体的对角顶点

生成图 8-19 的长方体。当第二个角点和第一个角点不在同一水平面上时，AutoCAD 会根据这两个角点和当前 UCS 确定长、宽、高从而生成长方体。

3．指定长方体的长、宽、高

操作如下：

> 指定长方体的角点或[中心点（CE）]<0,0,0>：//输入或在屏幕上指定长方体的一个顶点
> 指定角点或[立方体（C）/长度（L）]：L↙
> 指定长度：150↙
> 指定宽度：100↙
> 指定高度：80↙

生成图 8-11 的长方体。当已知长方体的一个顶点和长、宽、高，可用这种方法生成长方体。

4．指定底面中心点、角点和高度

操作如下：

> 指定长方体的角点或[中心点（CE）]<0,0,0>：CE↙
> 指定长方体的中心点<0,0,0>：// 输入或在屏幕上指定长方体底面的中心点
> 指定角点或[立方体（C）/长度（L）]：@75,50↙//输入或指定长方体底面的一个角点
> 指定高度：80↙

生成一个已知底面中心点，长为 150，宽为 100，高为 80 的长方体，如图 8-11 所示。

5．创建正方体

生成正方体的方法有两种，一种是已知正方体底面角点和长度，另一种是已知正方体底面中心点和长度，下面以已知角点和长度为例：

> 指定长方体的角点或[中心点（CE）]<0,0,0>：//输入或在屏幕上指定正方体的一个顶点
> 指定角点或[立方体（C）/长度（L）]：C↙//进入绘制正方体模式
> 指定长度：100↙//输入或指定正方体的长度

生成如图 8-12 所示的正方体。

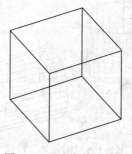

图 8-12 "正方体" 模型

二、球体

启动创建实心球体命令的方式：

☞ 命令：SPHERE。

☞ 菜单：选择"绘图" ⇨ "建模" ⇨ "球体"命令。

启动绘制球体命令后，出现如下提示：

指定球体球心<0,0,0>：//输入或在屏幕上指定球体的球心

指定球体半径或[直径（D）]：//输入或指定球体的半径或直径

生成如图 8-21 左边所示的球体。变量 ISOLINES 是控制球体线框密度的，初始设置值为4，其值越大，线框越密。变量 ISOLINES 对后面介绍的圆柱体、圆锥体、圆环等实体也有相同的影响。当把变量 ISOLINES 改成 30 后生成如图 8-13 右边所示球体。

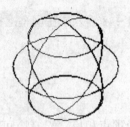

图 8-13 "ISOLINES 值为 4 和 30 时的球体"模型

三、圆柱体

启动创建圆柱体或椭圆柱体命令的方式如下。

☞ 命令：CYLINDER

☞ 菜单：选择"绘图" ⇨ "建模" ⇨ "圆柱体"命令。

使用本命令创建圆柱实体有两种操作方法。

1. 根据圆柱体底面中心点、半径（直径）和高度生成的圆柱体

操作如下：

指定圆柱体底面的中心点或[椭圆（E）]<0,0,0>：//输入或在屏幕上指定圆柱体底面的中心点

指定圆柱体底面的半径[直径（D）]：//输入或指定圆柱体底面的半径或直径

指定圆柱体高度或[另一个圆心（C）]：//输入或指定圆柱体的高度

生成如图 8-14 左侧所示的圆柱体。

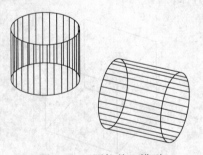

图 8-14 "圆柱体"模型

2. 根据圆柱体两个端面的中心点和半径（直径）创建圆柱体

利用此方法，可以创建在任意方向放置的圆柱体。操作如下：

指定圆柱体底面的中心点或[椭圆（E）]<0,0,0>：//输入或在屏幕上指定圆柱体底面的中

心点

指定圆柱体底面的半径[直径（D）]：//输入或指定圆柱体底面的半径或直径

指定圆柱体高度或[另一个圆心（C）]：//C✓//进入指定圆柱体另一端面中心点模式

指定圆柱的另一个圆心：//指定圆柱的另一个圆心

则生成如图8-14右侧所示的圆柱体。

3．创建椭圆柱体

和创建圆柱体的操作类似，这里讲解第一种方法。操作如下：

指定圆柱体底面的中心点或[椭圆（E）]<0,0,0>：//E✓//进入绘制椭圆柱体状态

指定圆柱体底面椭圆的轴端点或 [中心点（C）]：//屏幕上确定一点

指定圆柱体底面椭圆的第二个轴端点：@200,0✓

指定圆柱体底面的另一个轴的长度：50✓

指定圆柱体高度或[另一个圆心（C）]：150✓//确定椭圆柱体的高度

选择菜单"视图" ⇨ "三维视图" ⇨ "东南等轴测"，则生成如图8-15所示的椭圆柱体。

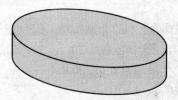

图8-15 "椭圆柱体"模型

四、圆锥体

启动创建圆锥体或椭圆锥体命令的方式。

☛ 命令：CONE。

☛ 菜单：选择"绘图" ⇨ "建模" ⇨ "圆锥体"命令。

使用本命令创建圆锥体有两种方法。

1 根据圆锥休底面中心点、半径（直径）和高度创建竖直的圆锥体

操作如下：

指定圆锥体底面的中心点或[椭圆（E）]<0,0,0>：//输入或在屏幕上指定圆锥体底面的中心点

指定圆锥体底面的半径[直径（D）]：50✓//输入或指定底面的半径或直径

指定圆锥体高度或[顶点（A）]：150✓//输入或指定圆锥体的高度，生成圆锥体的中心线与当前UCS的Z轴平行

选择合适的视点，得到如图8-16左侧所示的圆锥体。

2．根据圆锥体底面中心点、顶点和半径（直径）创建任意方位放置的圆锥体

利用此方法，可以创建在任意方位放置的圆锥体。操作如下：

指定圆锥体底面的中心点或[椭圆（E）]<0,0,0>：//输入或在屏幕上指定圆锥体底面的中心点

指定圆锥体底面的半径[直径（D）]：50✓//输入或指定底面的半径或直径

指定圆锥体高度或[顶点（A）]：A✓

指定顶点：@150,0✓//输入或指定圆锥体的顶点

117

选择合适的视点，得到如图 8-16 右侧所示的中心线与 X 轴平行的圆锥体。

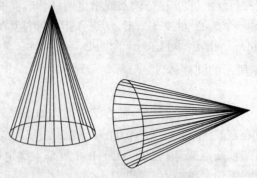

图 8-16 "圆锥体"模型

3. 创建椭圆锥体

和创建圆锥体的操作类似，这里讲解第一种方法。

操作如下：

> 指定圆锥体底面的中心点或[椭圆（E）]<0,0,0>：E↙ //进入绘制椭圆底面状态
> 指定圆锥体底面椭圆的轴端点或[中心点（C）]：50↙ //绘制椭圆
> 指定圆锥体底面椭圆的第二个轴端点：@200,0↙
> 指定圆锥体底面的另一个轴的长度：50↙
> 指定圆锥体高度或[顶点（A）]：150↙ //输入或指定圆锥体的高度

选择合适的视点，得到如图 8-17 所示的椭圆锥体。

图 8-17 "椭圆锥体"模型

五、楔体

启动创建楔形实体命令的方式如下。

- 命令：WEDGE。
- 菜单：选择"绘图" ⇨ "建模" ⇨ "楔体"命令。

使用本命令创建楔形体有四种方法。

1. 根据楔体底面对角点和高度

操作如下：

> 指定楔形体的第一个角点或[中心点（CE）]<0,0,0>：//输入或在屏幕上指定楔形体底面的一个角点
> 指定角点或[立方体（C）/长度（L）]：@200,100↙ //确定楔体底面另一个对角点

指定高度：50↙//确定楔体高度

选择合适的视点，得到如图 8-18 所示的楔形体。

如果两个角点的 Z 坐标不一样，AutoCAD 根据这两个角点创建楔形体（类似长方体）。

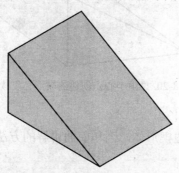

图 8-18 "楔形体"模型

2．根据楔体底面一个角点和长、宽、高

操作如下：

指定楔形体的第一个角点或[中心点（CE）]<0,0,0>：100,100↙输入或在屏幕上指定楔形
体底面的一个角点

指定角点或[立方体（C）/长度（L）]：L↙

指定长度：200↙

指定宽度：100↙

指定高度：50↙

选择合适的视点，得到如图 8-18 所示的楔形体。

楔形体的长、宽、高分别与当前 UCS 的 X、Y、Z 轴方向平行。楔形体的长度、宽度、高度既可以是正值，也可以是负值。输入正值时，沿相应坐标轴的正方向创建楔形体，负值则沿坐标轴的负方向创建楔形体。

如果在提示指定角点或[立方体（C）/长度（L）]下输入"C"，则只需输入一个长度，AutoCAD 就会创建一个等边楔形体，如图 8-19 所示。

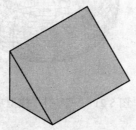

图 8-19 "等边楔形体"模型

3．根据楔体斜面中心点和底面角点

操作如下：

指定楔形体的第一个角点或[中心点（CE）]<0,0,0>：CE↙

指定楔体的中心点<0,0,0>：200,200↙//输入或指定斜面中心点

指定对角点或[立方体（C）/长度（L）]：100,100↙

指定高度：80↙

选择合适的视点，得到如图 8-20 所示的楔形体。

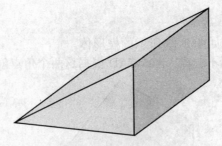

图 8-20 "由中心点创建的楔形体"模型

4. 根据楔体斜面中心点和长、宽、高

可以创建普通楔形体和等边楔形体，因和前面讲解的方法类似，这里不再复述。

六、圆环体

启动创建圆环实体命令的方式如下。

☞ 命令：TORUS。

☞ 菜单：选择"绘图" ⇨ "建模" ⇨ "圆环体"命令。

启动绘制圆环体命令后，出现如下提示：

指定圆环体中心<0,0,0>：//输入或指定圆环体中心点的位置
指定圆环体半径或[直径（D）]：100↙ //确定圆环的半径或直径
指定圆管半径或[直径（D）]：30↙ //确定圆管的半径或直径

改变视点后，得到如图 8-21 中图（a）所示的圆环体。

如果圆管半径比圆环半径大，则得到图（b）所示的圆环体。如果圆环半径是负值，而圆管半径大于圆环半径的绝对值，则得到图（c）所示的圆环体。

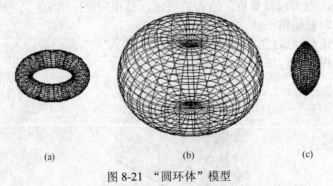

（a）　　　　　　　　　　（b）　　　　　　　　（c）

图 8-21 "圆环体"模型

七、拉伸生成实体

拉伸生成实体是指通过将二维封闭对象按指定的高度或路径进行拉伸而创建的三维实体。用于拉伸的对象可以是圆、椭圆、二维多段线、样条曲线、面域等对象，但必须是封闭的。启动 EXTRUDE 命令的方式如下。

☞ 命令：EXTRUDE。

☞ 菜单：选择"绘图" ⇨ "建模" ⇨ "拉伸"命令。

使用本命令拉伸实体的方法如下。

1. 根据拉伸高度和倾斜角度生成实体

先启动正多边形命令绘制一个正六边形，再启动拉伸命令：

选择对象：找到 1 个// 选取绘制的六边形

选择对象：✓ //回车结束选择

指定拉伸高度或[路径（P）]：100✓ // 指定拉伸的高度

指定拉伸的倾斜角度<0>：✓ //指定拉伸的倾斜角度，回车表示角度为 0

选取合适的视点，得到如图 8-22 所示的实体。如果在"指定拉伸的倾斜角度<0>"中输入一定的角度（如 20），则生成如图 8-23 所示的实体。

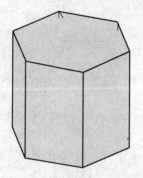

图 8-22 "拉伸生成的实体"模型

图 8-23 "有倾斜角度的拉伸实体"模型

当拉伸高度为正时，拉伸的方向与 Z 轴方向相同，如拉伸高度为负时，则拉伸方向与 Z 轴的负方向相同。倾斜角度允许的范围是-90°～+90°，为正值时是向内倾斜，为负值时是向外倾斜。要拉伸的对象必须有至少三个顶点，但少于 500 个顶点，对象也不能自交叉或重叠。

2. 根据指定路径生成实体

先绘制一个椭圆，再绘制一条直线，起点为椭圆圆心，终点为@0,0,300。

启动拉伸命令：

选择对象：找到 1 个//选择椭圆

选择对象：✓ //继续选择或回车结束选择

指定拉伸高度或[路径（P）]：P✓

选择拉伸路径或[倾斜角]：//选择直线

选择合适的视点，得到如图 8-24 所示的实体。

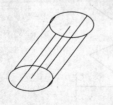

图 8-24 "沿路径拉伸生成的实体"模型

拉伸生成实体的效果和评议曲面类似，不同的是拉伸生成的是实体，而平移曲面生成的是网络。

试一试：生成如图 8-25 所示的实体。

121

图 8-25　"拉伸实体"模型　　　　　　　　　　　图 8-26　多线段

第一步，用 Pline 命令绘出如图 8-26 所示的多线段。

第二步，用 UCS 生成用户坐标系。

命令：UCS↙

当前 UCS 名称：*世界*//当前坐标系统为 WCS

输入选项[新建（N）/一定（M）/正交（G）/上一个（P）/恢复（R）/保存（S）/删除（D）/应用（A）/? 世界（W）]<世界>：N↙//新建用户坐标系统

指定新 UCS 的原点或[Z 轴（ZA）/三点（3）/对象（OB）/面（F）/视图（V）/X/Y/Z]<0,0,0>：Y↙

指定绕 Y 轴的旋转角度<90>：-90↙//将原坐标系统绕 Y 轴旋转-90° 生成寻得用户坐标系统

第三步，用 CIRCLE 命令绘制圆。

命令：_circle↙

指定圆的圆心或[三点（3P）/两点（2P）/相切、相切、半径（T）]：//选取多线段的一端点为圆心

指定圆的半径或[直径（D）]：50↙//输入圆的半径

生成如图 8-27 所示的圆，同时将圆转换成面域。

第四步，沿多段线路径拉伸圆生成实体。

选择对象：找到 1 个　　　　　//选择圆

选择对象：↙　　　　　　　//回车结束选择

指定拉伸高度或[路径（P）]：P↙

选择拉伸路径或[倾斜角]：　　　　　//选择多线段

选择合适的视点，则生成如图 8-27 所示的拉伸实体。

图 8-27　与多线段垂直的圆

八、通过旋转创建实体

在 AutoCAD 中，可以使用菜单"绘图" ⇨ "建模" ⇨ "旋转"命令 (REVOLVE)，将二

维对象绕某一轴旋转生成实体。用于旋转的二维对象可以是封闭多段线、多边形、圆、椭圆、封闭样条曲线、圆环及封闭区域。三维对象、包含在块中的对象、有交叉或自干涉的多段线不能被旋转，而且每次只能旋转一个对象。

选择菜单"绘图"➪"建模"➪"旋转"命令，并选择需要旋转的二维对象后，通过指定两个端点来确定旋转轴，如图 8-28 所示。

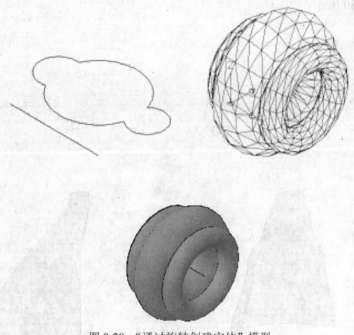

图 8-28 "通过旋转创建实体"模型

九、通过扫掠创建实体

在 AutoCAD 2009 中，选择新增的菜单"绘图"➪"建模"➪"扫掠"命令（SWEEP），可以绘制网格曲或三维实体。用扫略操作建立实体的方法和用面域拉伸建立实体方法基本相同，唯一不同之处在于扫掠截面图形是二维线框图，而不是面域。如果要扫掠的对象不是封闭的图形，那么使用"扫掠"命令后得到的是网格面，否则得到的是三维实体，如图 8-29 所示。

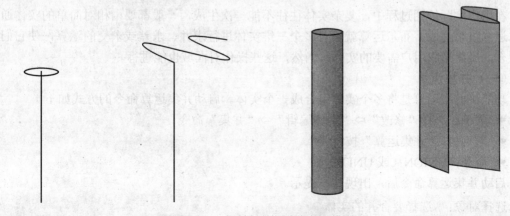

图 8-29 "通过扫掠创建实体"模型

123

十、过放样创建实体

在 AutoCAD 2009 中，选择新增的"绘图" ⇨ "建模" ⇨ "放样"命令，可以将二维图形放样成实体。作图时，在二维模型空间先绘制出三个以上二维图形，然后在高度上拉开距离，进行放样操作，选择对象时一定要按照从上到下，或从下到上的顺序来操作，其余提示直接按回车，如图 8-30 所示。

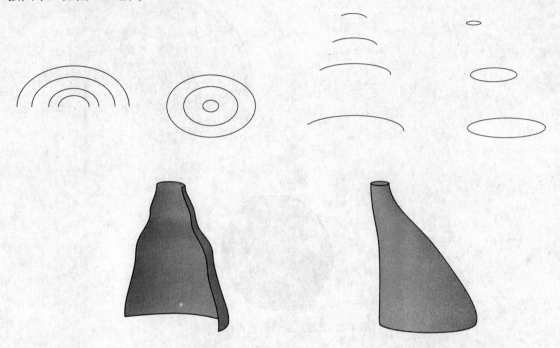

图 8-30 "通过放样创建实体"模型

第四节 三维图形编辑操作

一、三维实体布尔运算

在用户实际绘图过程中，复杂实体往往不能一次生成，一般都要由相对简单的实体通过布尔运算组合而成。布尔运算就是对多个三维实体进行求并、求差或求交的运算，使它们进行组合，最终形成用户需要的实体，当然，这些操作对面域也能进行。

（一）并集运算

功能：并集运算是将多个实体组合成一个实体。启动并集运算命令的方式如下。

☛ 菜单：选择"修改" ⇨ "实体编辑" ⇨ "并集"命令。

☛ 工具栏："并集运算"按钮 ⬤。

☛ 命令：UNION（或 UNI）。

启动并集运算命令后，出现如下提示。

选择对象：//选择要合并的实体
选择对象：//继续选择或回车结束选择

对于不接触或不重叠的实体也可以进行并集运算，结果是生成一个组合实体，如图 8-31 所示。

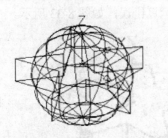 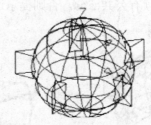 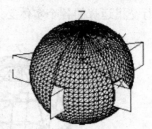

图 8-31 "并集"实体模型

（二）差集运算

功能：差集运算就是从一些实体中减去另一些实体，从而得到一个新的实体。启动差集运算命令的方式如下。

- 菜单：选择"修改" ⇨ "实体编辑" ⇨ "差集"命令。
- 工具栏："并集运算"按钮 ⊙。
- 命令：SUBTRACT（或 SU）。

启动差集运算命令后，出现提示如下。

选择要从中减去的实体或面域……

选择对象　　　　//选择被减的实体

选择对象　　　　//继续选择或回车结束选择

选择要减去的实体或面域

选择对象　　　　//选择要减去的实体

选择对象　　　　//继续选择或回车结束选择

在差集运算中，作为被减的实体和要减去的实体必须有公共部分，否则被减的实体不变，要减去的实体消失，如图 8-32 所示。

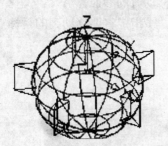 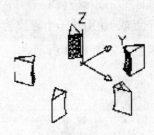

图 8-32 "差集"实体模型

（三）交集运算

功能：交集运算就是得到参与运算的多个实体的公共部分而形成一个新实体，而每个实体的非公共部分将会被删除。启动交集运算命令的方式如下。

- 菜单：选择"修改" ⇨ "实体编辑" ⇨ "交集"命令。
- 工具栏："并集运算"按钮 ⊚。
- 命令：INTERSECT（或 IN）。

启动并集运算命令后，出现提示如下。

选择对象:	//选择要交集运算的实体
选择对象:	//继续选择或回车结束选择

进行交集运算的各个实体必须有公共部分，否则提示运算错误，如图 8-33 所示。

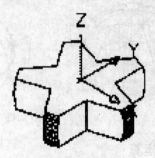

图 8-33 "交集"实体模型

二、三维实体操作

创建实体模型后，可以进行移动、旋转、对齐、镜像、阵列、倒角、剖切等操作，修改模型的外观。

（一）三维移动

功能：在三维视图中显示移动夹点工具，指定方向将对象移动到指定的距离。启动命令方式如下。

- ☞ 菜单：选择"修改" ➪ "三维操作" ➪ "三维移动"命令。
- ☞ 工具栏：单击"建模"工具栏中的"三维移动"按钮⊕。
- ☞ 命令行输入：3DMOVE。

执行命令后，系统提示如下。

选择对象:	//选中需要移动的实体对象
指定基点或[位移[D]]<位移>:	//指定移动时的参照点 A
指定第二个点或<使用第一个点作为位移>:	//指定将要移动到的目标点 B

生成模型，如图 8-34 所示。

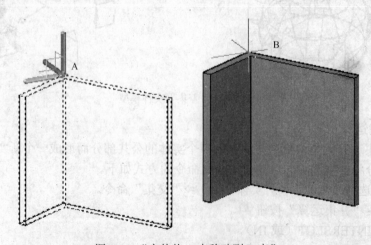

图 8-34 "实体从 A 点移动到 B 点"

（二）三维旋转

功能：在三维视图中显示旋转夹点工具并围绕基点旋转对象。启动命令方式如下。

☛ 菜单：选择"修改"⇨"三维操作"⇨"三维旋转"命令。
☛ 工具栏：单击"建模"工具栏中的"三维旋转"按钮⊕。
☛ 命令行输入：3DROTATE。

执行命令后，系统提示如下。

选择对象：	//使用对象选择方法，完成后回车
指定基点：	//指定旋转的基点
拾取旋转轴：	//单击轴句柄以选择旋转轴
指定角的起点或键入角度：	//指定角的起点或角度

执行结果，如图 8-35 所示。

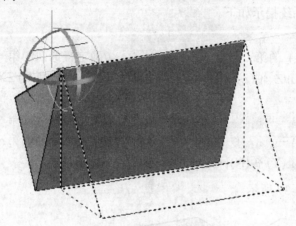

图 8-35 "三维旋转"模型

（三）三维对齐

功能：在三维空间中将对象与其他对象对齐。启动命令方式如下。

☛ 菜单：选择"修改"⇨"三维操作"⇨"三维对齐"命令。
☛ 工具栏：单击"建模"工具栏中的"三维对齐"按钮🗐。
☛ 命令行输入：3DALIGN。

执行命令后，系统提示如下。

选择对象：找到 1 个	//选择要对齐的对象或按回车键
选择对象：	
指定源平面和方向 ...	
指定基点或 [复制(C)]：	//指定要移动对象上的第一点 a
指定第二个点或 [继续(C)] <C>：	//指定要移动对象上的第二点 b
指定第三个点或 [继续(C)] <C>：	//指定要移动对象上的第三点 c
指定目标平面和方向 ...	
指定第一个目标点：	//指定目标第一点 A
指定第二个目标点或 [退出(X)] <X>：	//指定目标第二点 B
指定第三个目标点或 [退出(X)] <X>：	//指定目标第三点 C

执行结果，如图 8-36 所示。

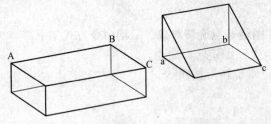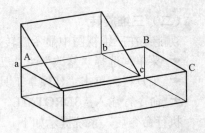

图 8-36 "三维对齐"模型

（四）三维镜像

功能：在三维空间将选定的对象沿指定的镜像平面创建对象的镜像。启动命令方式如下。

☛ 菜单：选择"修改" ⇨ "三维操作" ⇨ "三维镜像"命令。

☛ 命令行输入：MIRROR3D。

执行命令后，系统提示如下。

选择对象：

指定镜像平面 (三点) 的第一个点或　　　　　　//确定镜像面的第一点

　[对象(O)/最近的(L)/Z 轴(Z)/视图(V)/XY 平面(XY)/YZ 平面(YZ)/ZX 平面(ZX)/三点(3)] <三点>：

在镜像平面上指定第二点：　　　　　　　　//确定镜像面的第二点

在镜像平面上指定第三点：　　　　　　　　//确定镜像面的第三点

是否删除源对象？[是(Y)/否(N)] <否>：

执行命令后，如图 8-37 所示。

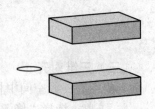

图 8-37 "三维镜像"模型

其中，命令行中各个选项的含义如下所示。

对象：使用选定平面对象的平面作为镜像平面。

上一个：相对于最后定义的镜像平面对选定的对象进行镜像处理。

Z 轴：根据平面上的一个点和平面法线上的一个点定义镜像平面。

视图：将镜像平面与当前视口中通过指定点的视图平面对齐。

XY/YZ/ZX：将镜像平面与一个通过指定点的标准平面（XY、YZ、ZX）对齐。

三点：通过 3 个点定义镜像平面。如果通过指定点来选择此选项，将不显示"在镜像平面上指定第一点"的提示。

（五）三维阵列

功能：在三维空间创建对象的矩形阵列或环形阵列。启动命令方式如下。

☛ 菜单：选择"修改" ⇨ "三维操作" ⇨ "三维阵列"命令。

☛ 工具栏：单击"建模"工具栏中的"三维阵列"按钮🔠。

☛ 命令行输入：3DARRAY。

执行命令后，系统提示如下。

选择对象：	//选择要阵列的对象
输入阵列类型 [矩形(R)/环形(P)] <矩形>：	//输入阵列类型
输入行数 (---) <1>：3	//在 Y 轴方向输入阵列行数
输入列数 (|||) <1>： 4	//在 X 轴方向输入阵列列数
输入层数 (...) <1>：2	//在 Z 轴方向输入阵列层数
指定行间距 (---)：	//输入行间距
指定列间距 (|||)：	//输入列间距
指定层间距 (...)：	//输入层间距

执行结果如图 8-38 所示。

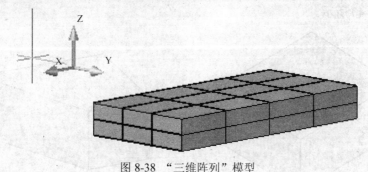

图 8-38 "三维阵列"模型

（六）干涉检查

功能：在三维空间创建两相交实体对象交叉部分实体，原实体仍然存在。启动命令方式如下。

- 菜单：选择"修改" ⇨ "三维操作" ⇨ "干涉检查"命令。
- 命令行输入：INTERFERE。

执行命令后，系统提示如下。

选择第一组对象或 [嵌套选择(N)/设置(S)]：	//选择第一组相交的两个实体
选择第二组对象或 [嵌套选择(N)/检查第一组(K)] <检查>：	//选择第二组相交实体或直接回车

执行结果，如图 8-39 所示。

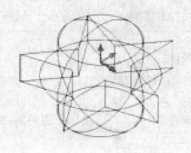 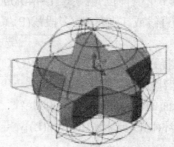

图 8-39 "干涉"模型

（七）剖切

功能：指用平面或曲面剖切实体，切开现有实体并移去指定部分，从而创建新的实体。启动命令方式如下。

● 菜单：选择"修改" ⇨ "三维操作" ⇨ "剖切"命令。

● 命令行输入：SLICE。

执行命令后，系统提示如下。

命令：slice
选择要剖切的对象：
指定切面的起点或 [平面对象(O)/曲面(S)/Z 轴(Z)/视图(V)/XY(XY)/YZ(YZ)/ZX(ZX)/三点(3)] <三点>：
指定平面上的第二个点：
在所需的侧面上指定点或 [保留两个侧面(B)] <保留两个侧面>：
该点不可以在剖切平面上。

执行结果如图 8-40 所示。

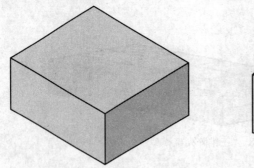
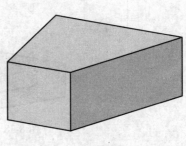

图 8-40 "剖切"模型

（八）实体倒角

功能：用倒角连接三维实体中相邻的两个面对象。启动命令方式如下。

● 菜单：选择"修改" ⇨ "倒角"命令。

● 工具栏：单击"修改"工具栏中的"倒角"按钮 。

● 命令行输入：CHAMFER。

执行命令后，系统提示如下。

命令：chamfer   //启用倒角命令
（"修剪"模式）当前倒角距离 1 = 40.0000，距离 2 = 40.0000
选择第一条直线或 [放弃(U)/多段线(P)/距离(D)/角度(A)/修剪(T)/方式(E)/多个(M)]：
基面选择...   //选择使用对象的选择方式
输入曲面选择选项 [下一个(N)/当前(OK)] <当前(OK)>：
指定基面的倒角距离 <40.0000>：   //指定基面的倒角距离
指定其他曲面的倒角距离 <40.0000>：
选择边或 [环(L)]：选择边或 [环(L)]：选择边或 [环(L)]：   //选择要倒角的边

执行结果，如图 8-41 所示。

（九）实体圆角

功能：用圆角连接三维实体中相邻的两个面对象。启动命令方式如下。

● 菜单：选择"修改" ⇨ "圆角"命令。

● 工具栏：单击"修改"工具栏中的"圆角"按钮 。

图 8-41 "倒角"模型

☛ 命令行输入：FILLET。

执行命令后，系统提示如下。

命令：_fillet   //启动圆角命令

当前设置：模式 = 修剪，半径 = 0.0000

选择第一个对象或 [放弃(U)/多段线(P)/半径(R)/修剪(T)/多个(M)]：//使用对象的选择方式

指定圆角半径 <0.0000>：50

选择第一个对象或 [放弃(U)/多段线(P)/半径(R)/修剪(T)/多个(M)]：

输入圆角半径 <50.0000>：   //输入圆角半径值

选择边或 [链(C)/半径(R)]：   //选择需要圆角的边

执行结果，如图 8-42 所示。

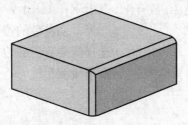

图 8-42 "圆角"模型

三、三维实体编辑命令

（一）压印边

功能：将几何图形压印到三维实体表面上。启动命令方式如下。

☛ 菜单：选择"修改" ⇨ "实体编辑" ⇨ "压印边"命令。

☛ 工具栏：单击"实体编辑"工具栏中的"圆角"按钮 。

☛ 命令行输入：IMPRINT。

执行命令后，系统提示如下。

命令：_imprint   //启用压印边命令

选择三维实体：   //选择要压印边的三维实体对象

选择要压印的对象： //选择要压印的图形

是否删除源对象 [是(Y)/否(N)] <N>： //直接按回车键

选择要压印的对象： //直接按回车键

压印目的，是为了在实体面上对压印图形进行拉伸，如图 8-43 所示。

131

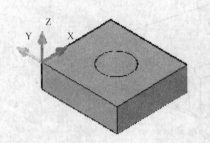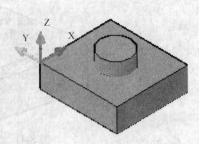

图 8-43 "压印边"模型

(二) 着色边

功能：使用该命令可对三维实体的边缘进行着色。启动命令方式如下。

- ☛ 菜单：选择"修改"⇨"实体编辑"⇨"着色边"命令。
- ☛ 工具栏：单击"实体编辑"工具栏中的"着色边"按钮 ░▯。
- ☛ 命令行输入：SOLIDEDIT。

执行命令后，系统提示如下。

命令：_solidedit	//启用着色边命令
实体编辑自动检查： SOLIDCHECK=1	
输入实体编辑选项 [面(F)/边(E)/体(B)/放弃(U)/退出(X)] <退出>：_edge	
输入边编辑选项 [复制(C)/着色(L)/放弃(U)/退出(X)] <退出>：_color	
选择边或 [放弃(U)/删除(R)]：	//选择需要着色的边
选择边或 [放弃(U)/删除(R)]：	//选择需要着色的边
选择边或 [放弃(U)/删除(R)]：	//直接按回车键

操作结果选定的边被着色。

(三) 复制边

功能：使用该命令可对三维实体的边缘进行复制。启动命令方式如下。

- ☛ 菜单：选择"修改"⇨"实体编辑"⇨"复制边"命令。
- ☛ 工具栏：单击"实体编辑"工具栏中的"复制边"按钮 ▯。
- ☛ 命令行输入：SOLIDEDIT。

执行命令后，系统提示如下。

命令：_solidedit	
实体编辑自动检查： SOLIDCHECK=1	
输入实体编辑选项 [面(F)/边(E)/体(B)/放弃(U)/退出(X)] <退出>：_edge	
输入边编辑选项 [复制(C)/着色(L)/放弃(U)/退出(X)] <退出>：_copy	
选择边或 [放弃(U)/删除(R)]：	//选择需要复制的边
选择边或 [放弃(U)/删除(R)]：	//选择需要复制的边
指定基点或位移：	//指定移动基点
指定位移的第二点： <对象捕捉 关>	//指定移动终点
输入边编辑选项 [复制(C)/着色(L)/放弃(U)/退出(X)] <退出>：	//按回车键退出

执行命令结果，如图 8-44 所示。

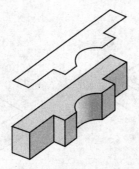

图 8-44 "复制边"模型

（四）拉伸面

功能：按指定的距离或方向拉伸对象或平面来创建三维实体和曲面。启动命令方式如下。

- 菜单：选择"修改" ⇨ "实体编辑" ⇨ "拉伸面"命令。
- 工具栏：单击"实体编辑"工具栏中的"拉伸面"按钮 。
- 命令行输入：SOLIDEDIT。

执行命令后，系统提示如下。

选择面或 [放弃(U)/删除(R)]:	//选择要拉伸的实体上的面
选择面或 [放弃(U)/删除(R)/全部(ALL)]:	
指定拉伸高度或 [路径(P)]: 指定第二点:	//输入拉伸高度距离值
指定拉伸的倾斜角度 <10>:	//输入拉伸角度值

执行结果如图 8-45 所示。

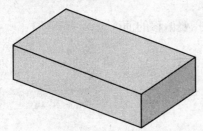 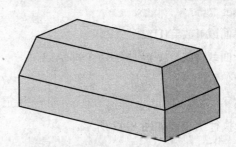

图 8-45 "拉伸面"模型

（五）移动面

功能：按指定的方向将对象移动指定的距离。启动命令方式如下。

- 菜单：选择"修改" ⇨ "实体编辑" ⇨ "移动面"命令。
- 工具栏：单击"实体编辑"工具栏中的"拉伸面"按钮 。
- 命令行输入：SOLIDEDIT。

执行命令后，系统提示如下。

输入面编辑选项	
[拉伸(E)/移动(M)/旋转(R)/偏移(O)/倾斜(T)/删除(D)/复制(C)/颜色(L)/材质(A)/放弃(U)/退出(X)]	
<退出>: _move	
选择面或 [放弃(U)/删除(R)]:	//选择要移动的面
选择面或 [放弃(U)/删除(R)/全部(ALL)]:	
指定基点或位移:	//选定待移动面上的一个点
指定位移的第二点:	//确定要移动的目标点

执行结果，如图 8-46 所示。

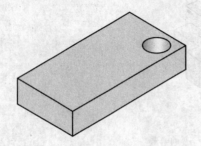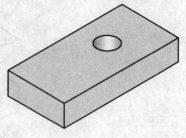

图 8-46 "移动面"模型

（六）偏移面

功能：按指定的距离或点等距偏移实体对象。启动命令方式如下。

☞ 菜单：选择"修改"⇨"实体编辑"⇨"偏移面"命令。

☞ 工具栏：单击"实体编辑"工具栏中的"偏移面"按钮 ⬜。

☞ 命令行输入：SOLIDEDIT。

执行命令后，系统提示如下。

```
输入面编辑选项
[拉伸(E)/移动(M)/旋转(R)/偏移(O)/倾斜(T)/删除(D)/复制(C)/颜色(L)/材质(A)/放弃(U)/退出(X)]
<退出>：
_offset
选择面或 [放弃(U)/删除(R)]：              //选择要偏移的面
选择面或 [放弃(U)/删除(R)/全部(ALL)]：
指定偏移距离：                    //输入偏移距离或指定第一点
指定第二点：              //指定偏移第二点
```

命令执行结果，如图 8-47 所示。

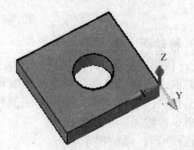

图 8-47 "偏移面"模型

（七）删除面

功能：删除面，包括实体对象上的圆角或倒角。启动命令方式如下。

☞ 菜单：选择"修改"⇨"实体编辑"⇨"删除面"命令。

☞ 工具栏：单击"实体编辑"工具栏中的"删除面"按钮 ⬚。

☞ 命令行输入：SOLIDEDIT。

执行命令后，系统提示如下。

输入面编辑选项
[拉伸(E)/移动(M)/旋转(R)/偏移(O)/倾斜(T)/删除(D)/复制(C)/颜色(L)/材质(A)/放弃(U)/退出(X)]
<退出>：
_delete
选择面或 [放弃(U)/删除(R)]：   //选择要删除的面
选择面或 [放弃(U)/删除(R)/全部(ALL)]：

命令执行结果，如图 8-48 所示。

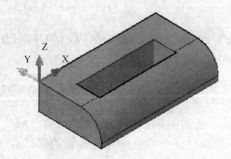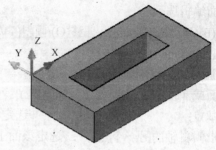

图 8-48 "删除面"模型

（八）旋转面

功能：按指定的轴旋转实体对象上的一个或多个面。启动命令方式如下。

- 菜单：选择"修改" ⇨ "实体编辑" ⇨ "旋转面"命令。
- 工具栏：单击"实体编辑"工具栏中的"旋转面"按钮 ⚙ 。
- 命令行输入：SOLIDEDIT。

执行命令后，系统提示如下。

输入面编辑选项

[拉伸(E)/移动(M)/旋转(R)/偏移(O)/倾斜(T)/删除(D)/复制(C)/颜色(L)/材质(A)/放弃(U)/退出(X)]
<退出>：
_rotate
选择面或 [放弃(U)/删除(R)]：   //选择需要旋转的面
选择面或 [放弃(U)/删除(R)/全部(ALL)]：
指定轴点或 [经过对象的轴(A)/视图(V)/X 轴(X)/Y 轴(Y)/Z 轴(Z)] <两点>： <对象捕捉开>
//指定旋转轴上的第一点
在旋转轴上指定第二个点：   //指定旋转轴上的第二点
指定旋转角度或 [参照(R)]：   //指定旋转角度

命令执行结果如图 8-49 所示。

（九）倾斜面

功能：用指定的角度来倾斜实体对象的面。启动命令方式如下。

- 菜单：选择"修改" ⇨ "实体编辑" ⇨ "倾斜面"命令。
- 工具栏：单击"实体编辑"工具栏中的"倾斜面"按钮 ⬚ 。
- 命令行输入：SOLIDEDIT。

135

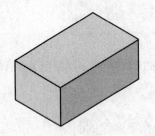

图 8-49 "旋转面"模型

执行命令后，系统提示如下。

输入面编辑选项
[拉伸(E)/移动(M)/旋转(R)/偏移(O)/倾斜(T)/删除(D)/复制(C)/颜色(L)/材质(A)/放弃(U)/退出(X)]
<退出>：_taper
选择面或 [放弃(U)/删除(R)]： //输入需要倾斜的面
选择面或 [放弃(U)/删除(R)/全部(ALL)]：
指定基点： //选定该面上某一条边的端点作为旋转轴的第一点
指定沿倾斜轴的另一个点： //选定该面上某一条边的另一个端点作为旋转轴的第二点
指定倾斜角度： //指定倾斜角度

命令执行结果如图 8-50 所示。

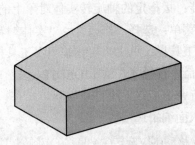

图 8-50 "倾斜面"模型

（十）着色面

功能：修改实体单个面的颜色。启动命令方式如下。

- 菜单：选择"修改" ⇨ "实体编辑" ⇨ "着色面"命令。
- 工具栏：单击"实体编辑"工具栏中的"着色面"按钮 。
- 命令行输入：SOLIDEDIT。

（十一）复制面

功能：将实体对象上的面复制为面域或实体。启动命令方式如下。

- 菜单：选择"修改" ⇨ "实体编辑" ⇨ "复制面"命令。
- 工具栏：单击"实体编辑"工具栏中的"复制面"按钮 。
- 命令行输入：SOLIDEDIT。

执行命令后，系统提示如下。

输入面编辑选项
[拉伸(E)/移动(M)/旋转(R)/偏移(O)/倾斜(T)/删除(D)/复制(C)/颜色(L)/材质(A)/放弃(U)/退出(X)]

<退出>：_copy
选择面或 [放弃(U)/删除(R)]:   //选择要复制的面
选择面或 [放弃(U)/删除(R)/全部(ALL)]:
指定基点或位移: //指定复制面的基点
指定位移的第二点: //指定复制面的动的终点

命令执行结果如图 8-51 所示。

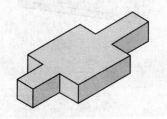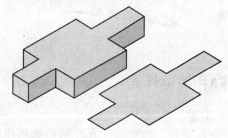

图 8-51 "复制面"模型

（十二）分割

功能：将不连续的三维实体对象分割为独立的三维实体对象。启动命令方式如下。

- 菜单：选择"修改" ⇨ "实体编辑" ⇨ "分割"命令。
- 工具栏：单击"实体编辑"工具栏中的"分割"按钮 。
- 命令行输入：SOLIDEDIT。

（十三）清除

功能：删除实体对象上所有冗余的边或顶点。启动命令方式如下。

- 菜单：选择"修改" ⇨ "实体编辑" ⇨ "清除"命令。
- 工具栏：单击"实体编辑"工具栏中的"清除"按钮 。
- 命令行输入：SOLIDEDIT。

（十四）抽壳

功能：以指定的厚度在实体对象上创建中空的薄壁。启动命令方式如下。

- 菜单：选择"修改" ⇨ "实体编辑" ⇨ "抽壳"命令。
- 工具栏：单击"实体编辑"工具栏中的"抽壳"按钮 。
- 命令行输入：SOLIDEDIT。

执行命令后，系统提示如下。

输入实体编辑选项 [面(F)/边(E)/体(B)/放弃(U)/退出(X)] <退出>：_body
输入体编辑选项
[压印(I)/分割实体(P)/抽壳(S)/清除(L)/检查(C)/放弃(U)/退出(X)] <退出>：_shell
选择三维实体:
删除面或 [放弃(U)/添加(A)/全部(ALL)]:   //选择要抽壳的一个面
删除面或 [放弃(U)/添加(A)/全部(ALL)]:   //选择要抽壳的另一个面
输入抽壳偏移距离: //输入抽壳距离

命令执行结果，如图 8-52 所示。

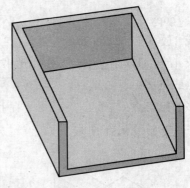

图 8-52 "抽壳"模型

四、消隐和视觉样式

（一）消隐

消隐是在屏幕上隐藏实际存在却被遮挡住的线条。经过消隐后，三维实体更加接近用户现实当中看到的模型。启动消隐命令的方式如下。

- ☞ 菜单：选择"视图" ⇨ "消隐"命令。
- ☞ 命令：HIDE（或 HID）。

消隐后某些线条看不见，并不是被删除了，而是被隐藏起来了。因为消隐时要对图形进行再生，因此图形越复杂，消隐所用的时间就越长。如图 8-53 所示就是消隐前后的效果对比。

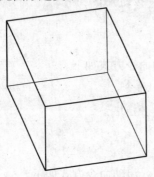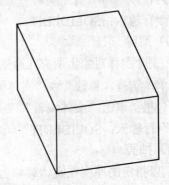

图 8-53 消隐前后的效果对比

（二）视觉样式

视觉样式是一组设置，用来控制视口中边和着色的显示，从而更改视觉样式的特性，不再使用命令或设置系统变量。一旦应用了视觉样式或更改了其设置，就可以在视口中查看效果。命令启动方式如下。

- ☞ 菜单：选择"视图" ⇨ "视觉样式"命令。
- ☞ 工具栏：在"视觉样式"工具栏中单击各按钮。
- ☞ 命令行输入：VSCURRENT。

选中的视觉样式将应用到视口中的模型。其中，视觉样式工具栏显示了 5 种默认的视觉样式，如图 8-54 所示。

图 8-54 "视觉样式"工具条

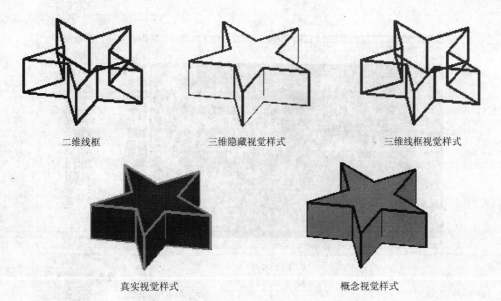

二维线框　　　　　　　　三维隐藏视觉样式　　　　　　　三维线框视觉样式

真实视觉样式　　　　　　　　　　概念视觉样式

图 8-55 "各种视觉样式"模型

视觉样式工具栏的命令按钮从左到右依次为"二维线框"、"三维线框视觉样式"、"三维隐藏视觉样式"、"真实视觉样式"、"概念视觉样式",如图 8-55 所示。

"二维线框":显示用直线和曲线表示边界的对象。

"三维线框视觉样式":显示用直线和曲线表示边界的对象。

"三维隐藏视觉样式":显示用三维线框表示的对象并隐藏表示后向画的直线。

"真实视觉样式":着色多边形平面间的对象,并使对象的边平滑化。将显示已附着到对象的材质。

"概念视觉样式":着色多边形平面间的对象,并使对象的边平滑化。这是一种冷色和暖色之间的过渡而不是从深色到浅色的过渡。效果缺乏真实感,但是可以更方便地查看模型的细节。

五、渲染

绘制好的三维实体模型是以线框形式显示的,并不能反映出设计的真实效果。通过对三维实体进行渲染后,对象将由线框模型生成一个逼真的渲染图,使用户能够看到三维对象的实际结果。

用户可调出"渲染"工具栏(见图 8-56),以方便进行渲染的各项设置。在对三维对象进行渲染前,要先进行光源、材质、场景等参数的设置,以使生成的渲染图片更加真实。

图 8-56 "渲染"工具条

(一)在渲染窗口中快速渲染对象

在 AutoCAD 2009 中,选择"视图" ⇨ "渲染" ⇨ "渲染"命令,可以在打开的渲染窗口中快速渲染当前视口中的图形,如图 8-57 所示。

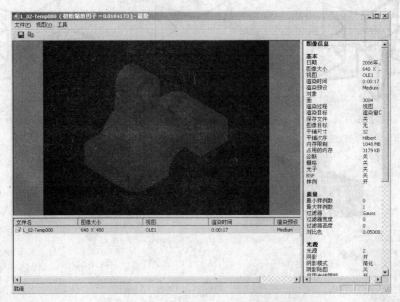

图 8-57 在"渲染窗口"中快速渲染对象

（二）设置光源

在渲染过程中，光源的设置非常重要，它由强度和颜色两个因素决定。在 AutoCAD 2009 中，不仅可以使用自然光(环境光)，也可以使用点光源、平行光源及聚光灯光源，以照亮物体的特殊区域。

在 AutoCAD 2009 中，选择"视图" ⇨ "渲染" ⇨ "光源"命令中的子命令，可以创建和管理光源，如图 8-58 所示。

图 8-58 "设置光源"工具条

（三）设置渲染材质

在渲染对象时，使用材质可以增强模型的真实感。在 AutoCAD 2009 中，选择"视图" ⇨ "渲染" ⇨ "材质"命令，打开"材质"选项板，为对象选择并附加材质，如图 8-59 所示。

（四）设置贴图

在渲染图形时，可以将材质映射到对象上，称为贴图。选择"视图" ⇨ "渲染" ⇨ "贴图"命令的子命令，可以创建平面贴图、长方体贴图、柱面贴图和球面贴图，如图 8-60 所示。

图 8-59 "材质"选项板

图 8-60 "设置贴图"工具条

（五）渲染环境

在渲染图形时，可以添加雾化效果。选择"视图"⇨"渲染"⇨"渲染环境"命令，打开"渲染环境"对话框。在该对话框中可以进行雾化设置，如图 8-61 所示。

图 8-61 "渲染环境"选项板

（六）高级渲染设置

在 AutoCAD 2009 中，选择"视图"⇨"渲染"⇨"高级设置"命令，打开"高级渲染设置"选项板，可以设置渲染高级选项。

在"选择渲染预设"下拉列表框中，可以选择预设的渲染类型，这时在参数区中，可以设置该渲染类型的基本、光线跟踪、间接发光、诊断、处理等参数。当在"选择渲染预设"下拉列表框中选择"管理渲染预设"选项时，将打开"渲染预设管理器"对话框，可以自定义渲染预设，如图 8-62 所示。

141

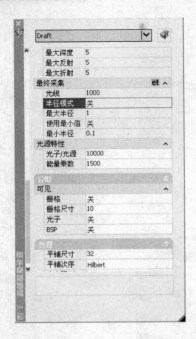

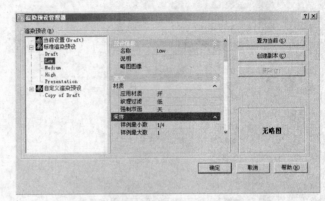

图 8-62 "高级渲染"设置

六、动态观察

在 AutoCAD 2009 中，选择"视图" ➪ "动态观察"命令中的子命令"受约束的动态观察 ⊕"、"自由动态观察 ⊘"和"连续动态观察 ☺"，可以从不同角度动态观察绘制好的实体模型，如图 8-63 所示。

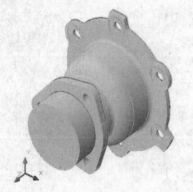
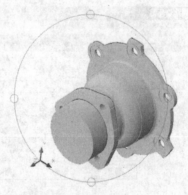

图 8-63 "动态观察"

复习思考题

1. 如何在 AutoCAD 2009 中进行二维、三维绘图空间的转换？
2. 如何确定不同绘图情况下的用户坐标系？
3. 绘制圆形管道的方法有哪几种？
4. 布尔运算包括哪几种操作方式，彼此有什么区别？

第九章　环境工程图样

学习指南

　　现阶段环境工程主要是以处理水、大气、固体废物为代表的综合性工程，涉及水利、机械、建筑等多个学科领域，因此，本章对环境工程图样按学科进行整理分类，供初学者练习领会。

第一节　给排水工程图样

给排水工程图样见图9-1～图9-44。

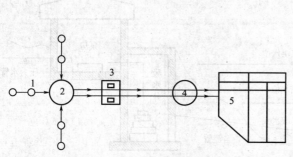

图9-1　地下水源的给水系统

1—管井群；2—积水池；3—泵站；4—水塔；5—管网

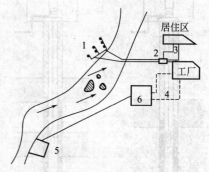

图9-2　分质给水系统

1—管井；2—泵站；3—生活用水管网；4—生产用水管网；
5—取水构筑物；6—工业用水处理构筑物

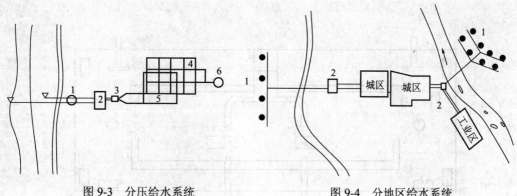

图9-3　分压给水系统

1—取水构筑物；2—水处理构筑物；3—泵站；
4—高压管网；5—低压管网；6—水塔

图9-4　分地区给水系统

1—井群；2—泵站

143

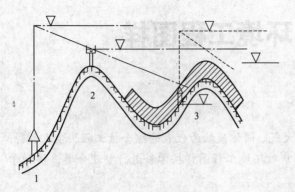

图 9-5 分区给水系统

1—低区给水系统；2—水塔；3—高区供水泵站

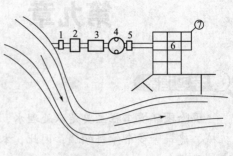

图 9-6 给水系统示意

1—取水构筑物；2——一级泵站；3—水处理构筑物；
4—清水池；5—二级泵站；6—管网；7—调节构筑物

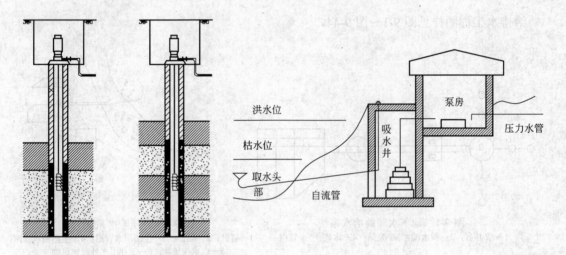

图 9-7 管井的一般构造   图 9-8 自流管式取水构筑物

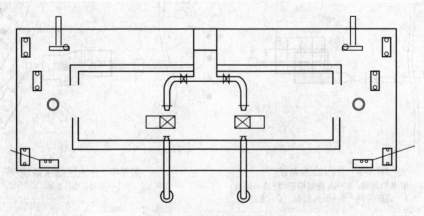

图 9-9 取水浮船平面布置

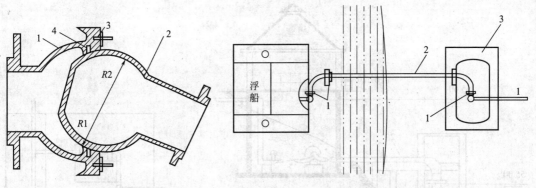

图 9-10 球形万向接头
1—外壳；2—球心；3—压盖；4—油麻填料

图 9-11 摇臂式套管接头连接
1—套管接头；2—摇臂联络管；3—岸边支墩

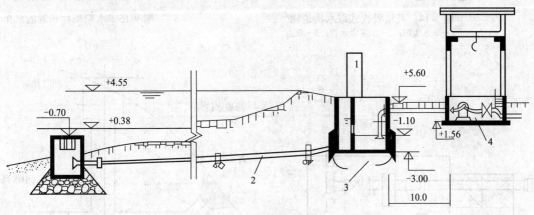

图 9-12 自流管取水构筑物（集水间与泵房分建）
1—取水头部；2—自流管；3—集水间；4—泵房

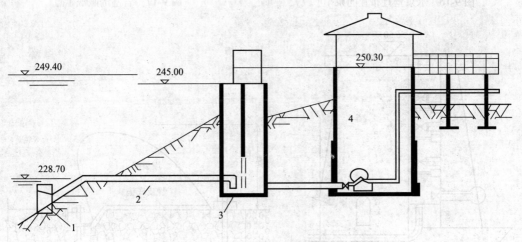

图 9-13 虹吸管取水构筑物
1—取水头部；2—虹吸管；3—集水井；4—泵房

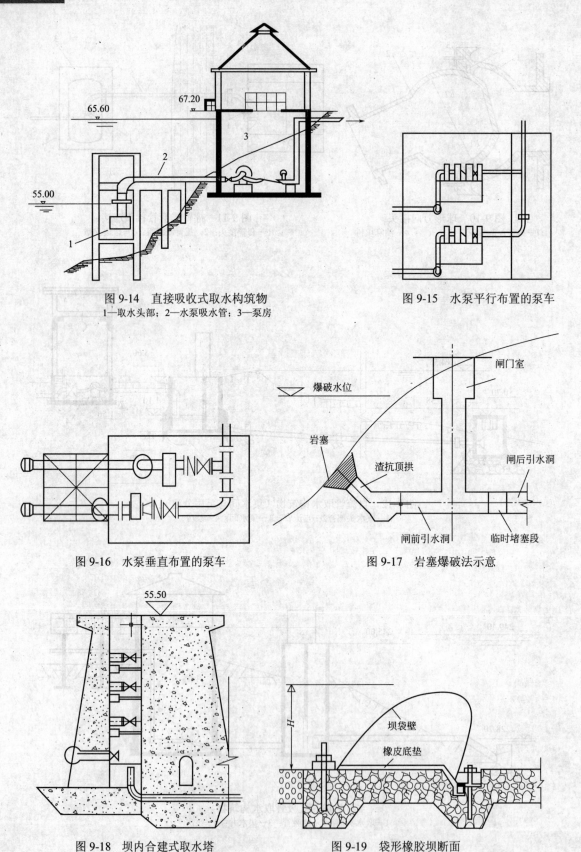

图 9-14　直接吸收式取水构筑物
1—取水头部；2—水泵吸水管；3—泵房

图 9-15　水泵平行布置的泵车

图 9-16　水泵垂直布置的泵车

图 9-17　岩塞爆破法示意

图 9-18　坝内合建式取水塔

图 9-19　袋形橡胶坝断面

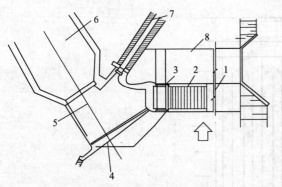

图 9-20　底栏栅式取水构筑物

1—溢流坝；2—底栏栅；3—冲砂室；4—进水闸；
5—第二冲砂室；6—沉砂池；7—排砂渠；8—防洪护坦

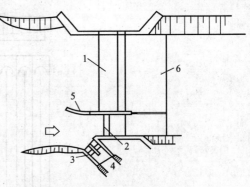

图 9-21　低坝取水装置

1—溢流坝（低坝）；2—冲砂坝；3—进水闸；
4—引水明渠；5—导流堤；6—护坦

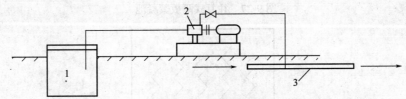

图 9-22　计量泵投加

1—溶液池；2—计量泵；3—压水管

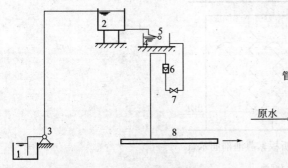

图 9-23　高位溶液池重力投加

1—溶解池；2—溶液池；3—提升泵；4—水封箱；
5—浮球阀；6—流量计；7—调节阀；8—压水管

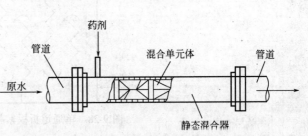

图 9-24　管式静态混合器

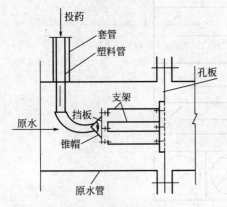

图 9-25　扩散式混合器

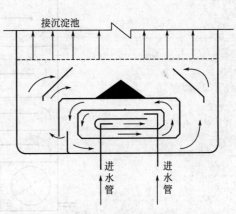

图 9-26　回转式隔板絮凝池

147

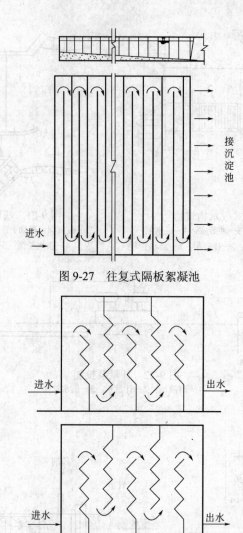

图 9-27　往复式隔板絮凝池

图 9-28　单通道折板絮凝池剖面示意

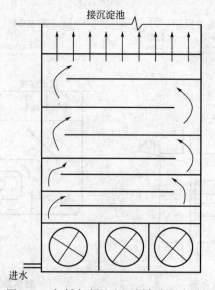

图 9-29　机械絮凝池和隔板絮凝池组合

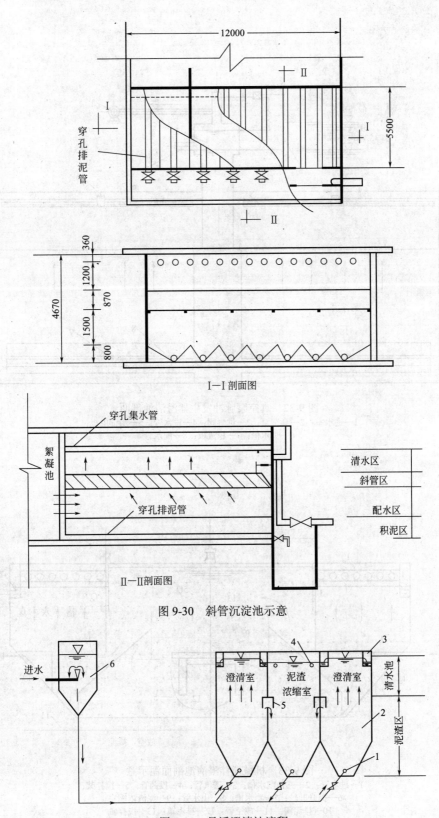

图 9-30　斜管沉淀池示意

图 9-31　悬浮澄清池流程

1—穿孔配水管；2—泥渣悬浮层；3—穿孔集水槽；
4—强制出水管；5—排泥窗口；6—气水分离器

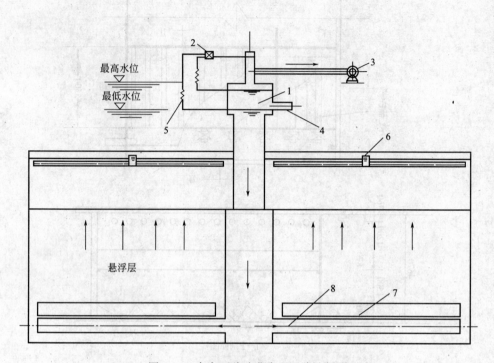

图 9-32　真空泵脉冲发生器澄清池剖面

1—进水室；2—真空泵；3—进气阀；4—进水管；5—水位电极；
6—集水槽；7—稳流板；8—配水管

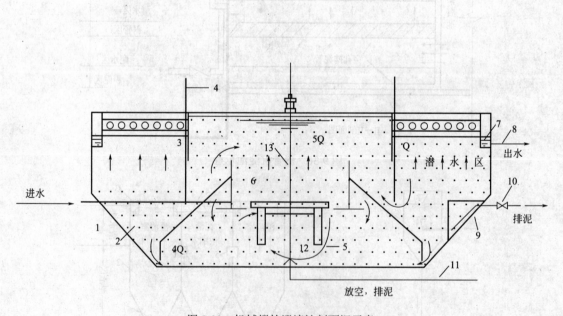

图 9-33　机械搅拌澄清池剖面泥示意

1—进水管；2—三角配水槽；3—透气管；4—投药管；5—搅拌桨；
6—提升叶轮；7—集水槽；8—出水管；9—泥渣浓缩室；
10—排泥阀；11—放空管；12—排泥罩；13—搅拌轴

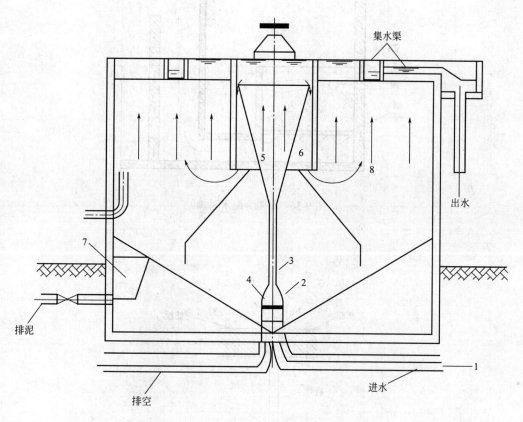

图 9-34　水力循环澄清池示意

1—进水管；2—喷嘴；3—喉管；4—喇叭口；5—第一絮凝室；

6—第二絮凝室；7—泥渣浓缩室；8—分离室

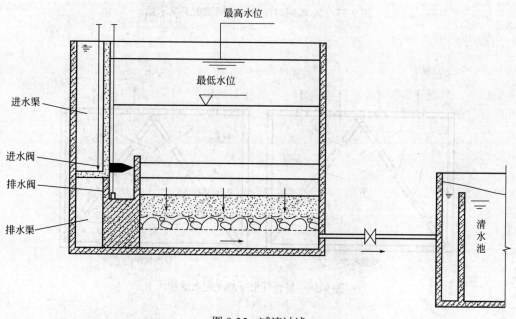

图 9-35　减速过滤

151

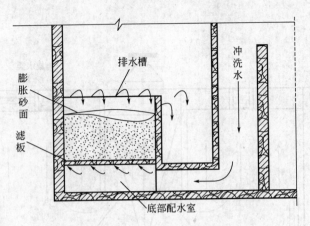

图 9-36　小阻力配水系统

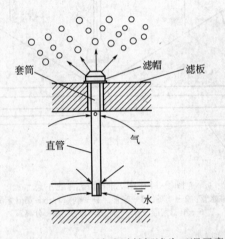

图 9-37　气-水同时冲洗时长柄滤头工况示意

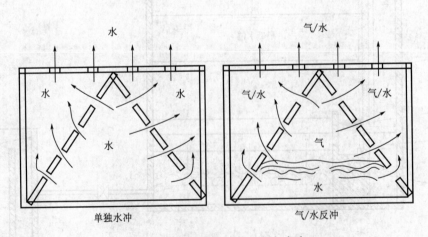

图 9-38　复合气水反冲洗配水滤砖

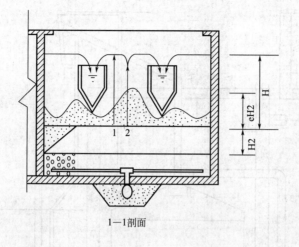

1—1剖面

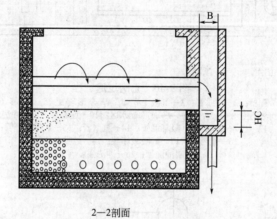

2—2剖面

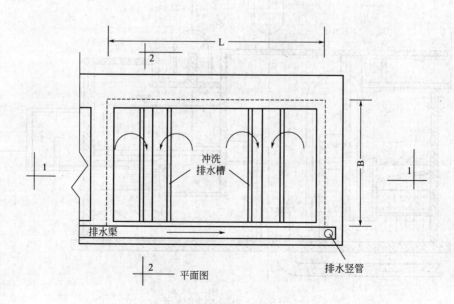

平面图

图 9-39 冲洗废水的排除

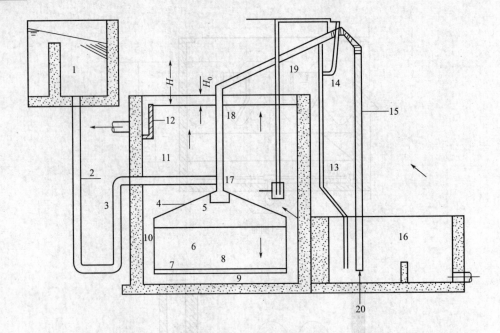

图 9-40　无阀过滤过程

1—进水分配槽；2—进水管；3—虹吸上升管；4—伞形顶盖；5—挡板；6—滤料层；
7—承托层；8—配水系统；9—底部配水区；10—连通渠；11—冲洗水箱；
12—出水渠；13—虹吸辅助管；14—抽气管；15—虹吸下降管；
16—水封井；17—虹吸破坏斗；18—虹吸破坏管；
19—强制冲洗管；20—冲洗强度调节器

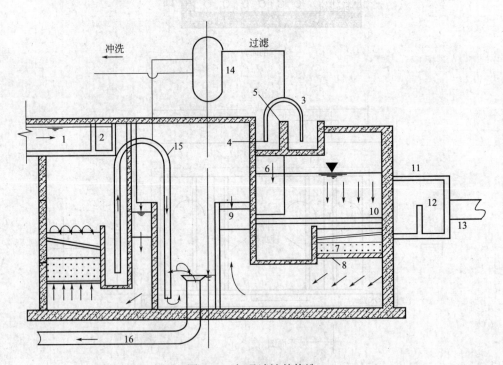

图 9-41　虹吸滤池的构造

1—进水槽；2—配水槽；3—进水虹吸管；4—单格滤池进水槽；5—进水堰；
6—布水管；7—滤层；8—配水系统；9—集水槽；10—出水管；11—出水井；
12—出水堰；13—清水管；14—真空系统；15—冲洗虹吸管；16—冲洗排水管

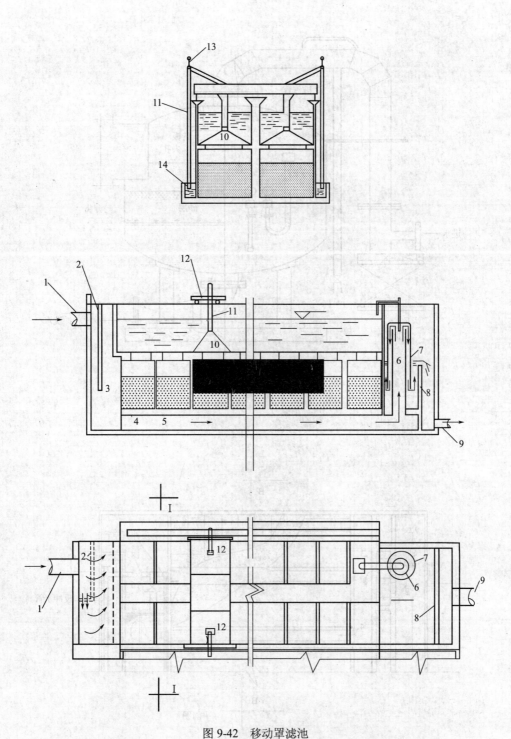

图 9-42　移动罩滤池

1—进水管；2—穿孔配水槽；3—消力栅；4—水阻力配水系统的配水孔；
5—配水系统的配水室；6—出水虹吸中心管；7—出水虹吸管钟罩；
8—出水堰；9—出水管；10—冲洗罩；11—排水虹吸管；
12—桁车；13—抽气管；14—排水渠

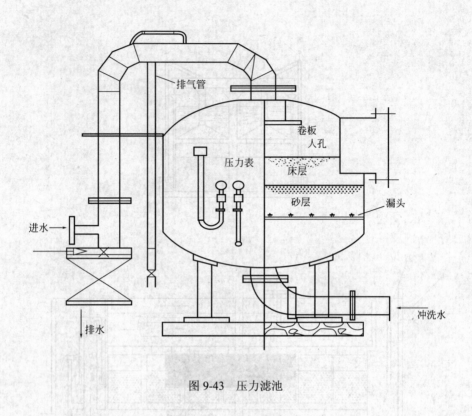

图 9-43　压力滤池

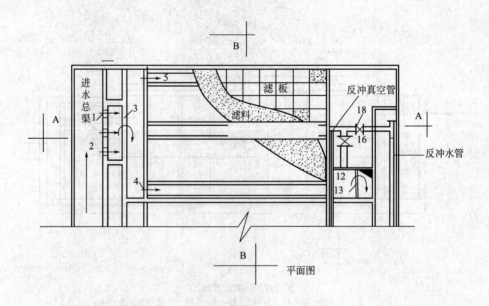

平面图

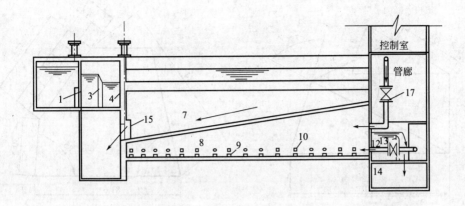

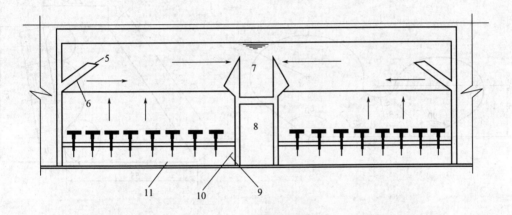

图 9-44 V 形滤池构造简图

1—进水气动隔膜阀；2—方孔；3—堰口；4—侧孔；5—V 形槽；6—小孔；7—排水渠；
8—气、水分配渠；9—配水方孔；10—配气小孔；11—底部空间；12—水封井；
13—出水堰；14—清水渠；15—排水阀；16—清水阀；17—进气阀；18—冲洗水阀

第二节 机械工程图样

机械工程图样见图 9-45～图 9-65。

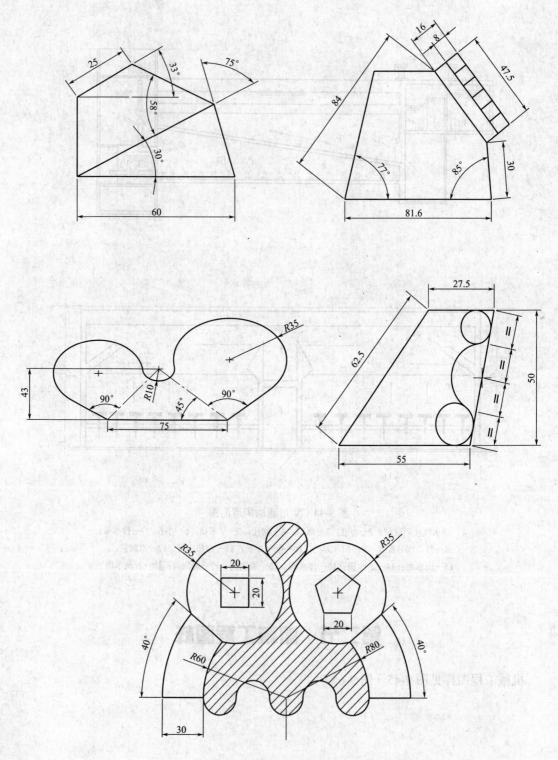

图 9-45　线性机械平面图一

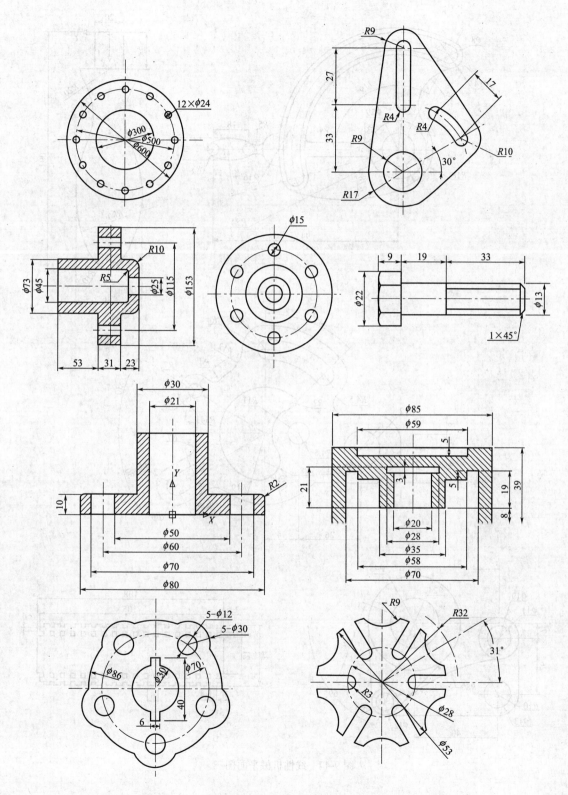

图 9-46　线性机械平面图二

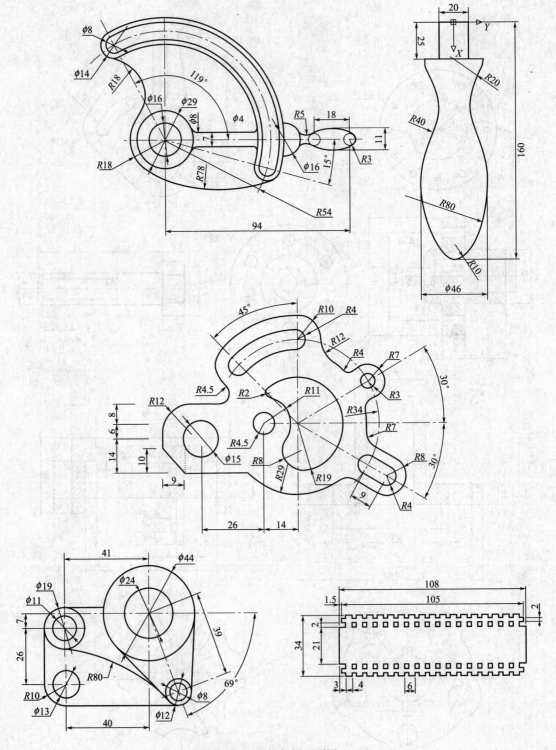

图 9-47 线性机械平面图三

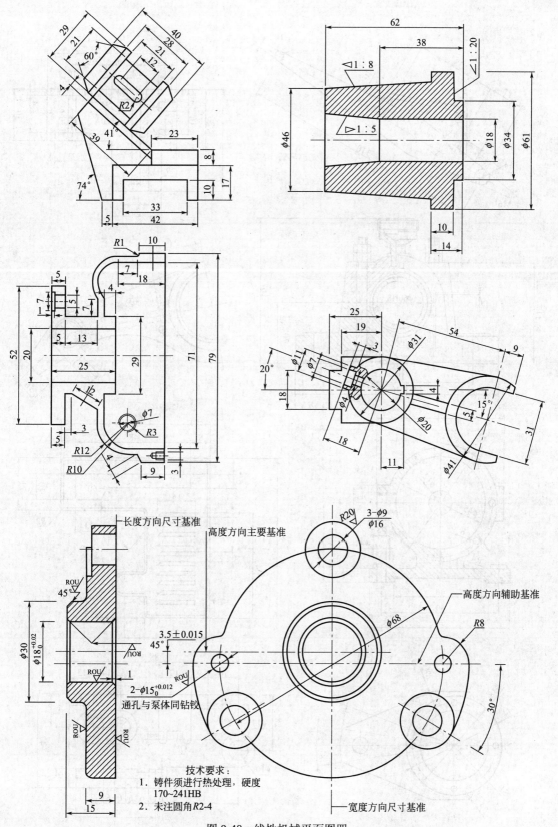

图 9-48　线性机械平面图四

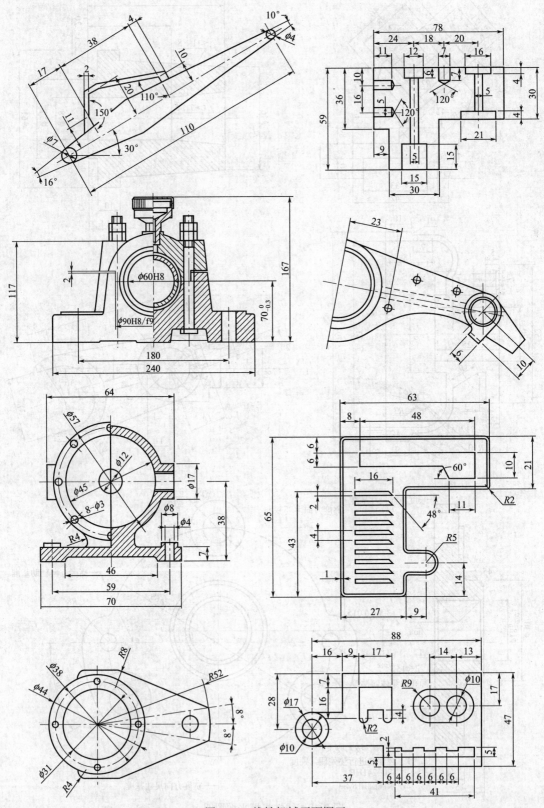

图 9-49　线性机械平面图五

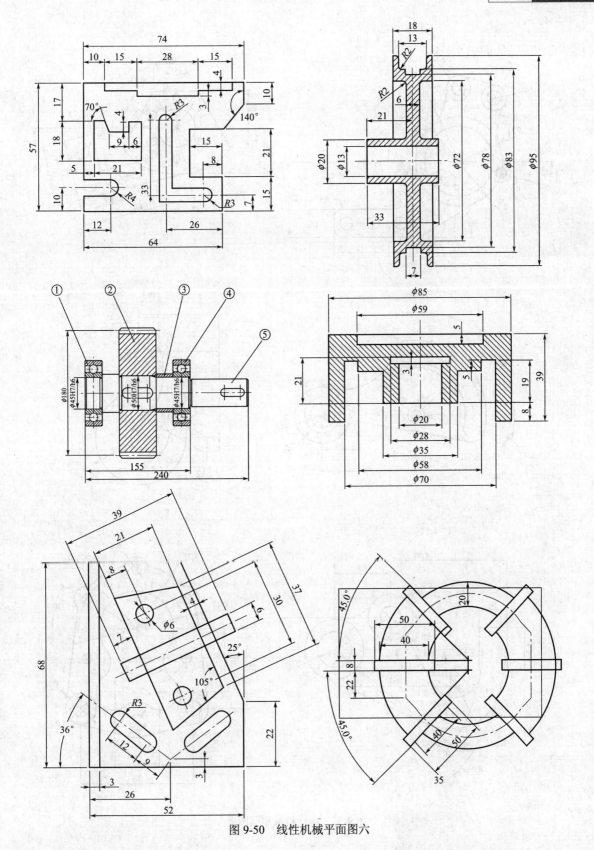

图 9-50　线性机械平面图六

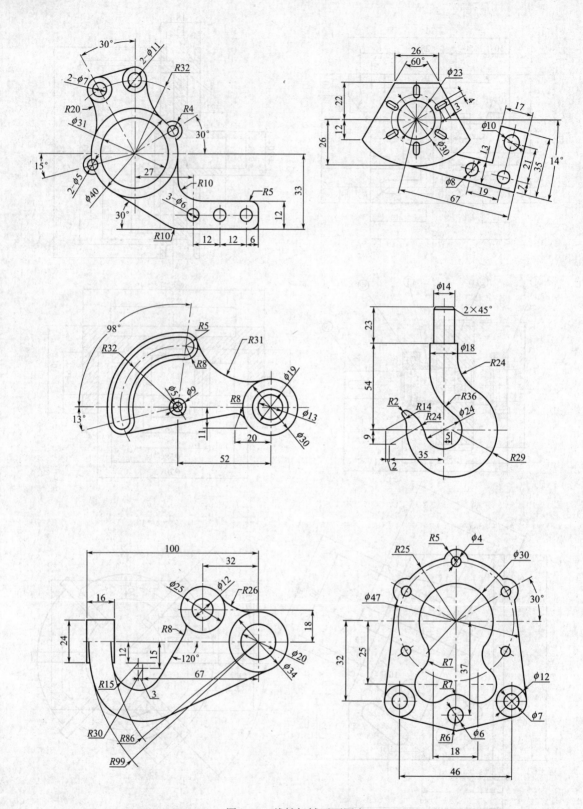

图 9-51　线性机械平面图七

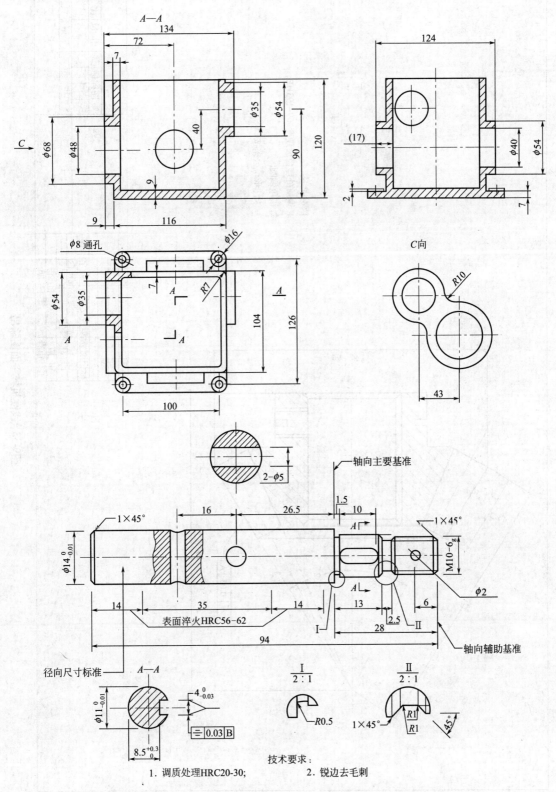

图 9-52　线性机械平面图八

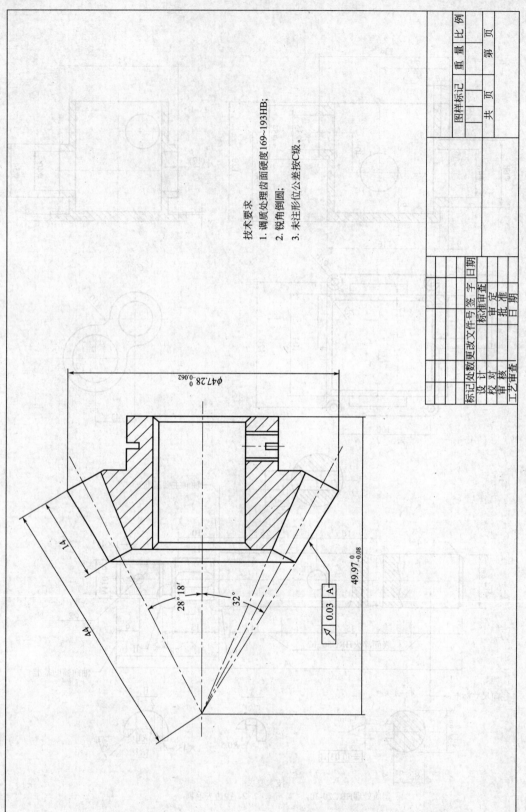

技术要求
1. 调质处理齿面硬度169~193HB;
2. 锐角倒圆;
3. 未注形位公差按C级。

$\phi 47.28_{-0.062}^{0}$

14

28°18′

32°

$\boxed{\nearrow \,|\, 0.03 \,|\, A}$

$49.97_{-0.08}^{0}$

图样标记		重量	比例
	共 页		第 页

					标准审查		
					审定		
					批准		
					日期		
标记	处数	更改文件号	签字	日期			
设计							
校对							
审核							
工艺审查							

图9-53 线性机械平面图输出

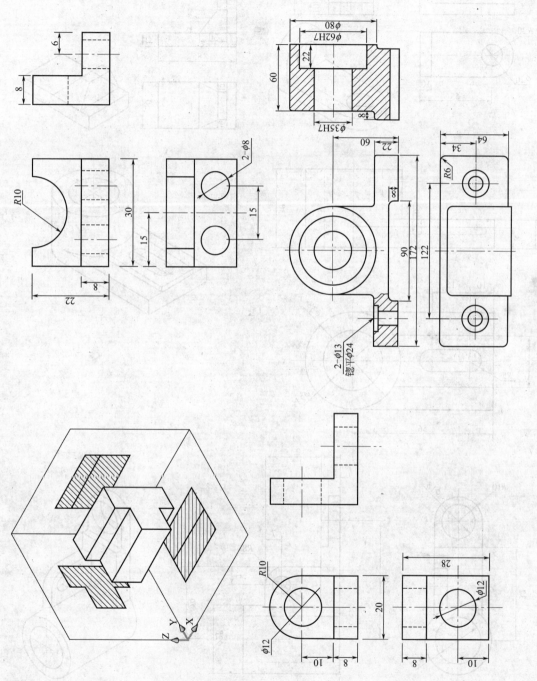

图9-54 机械三视图

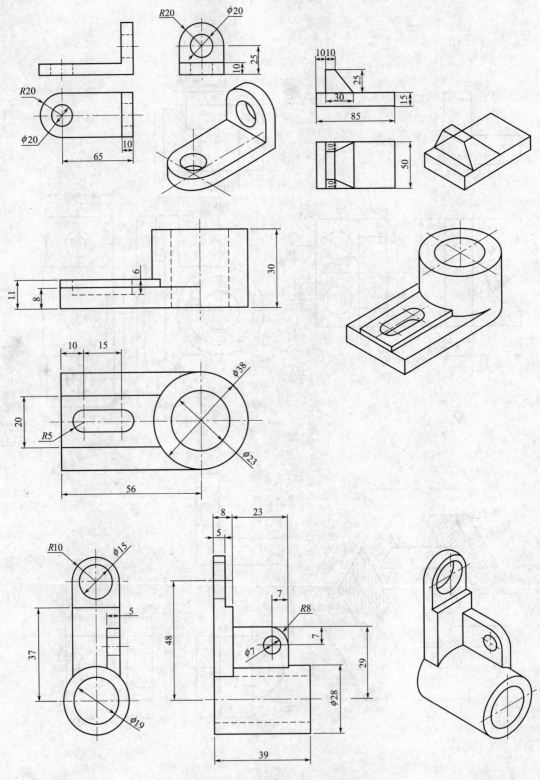

图 9-55　机械部件实体三视图一

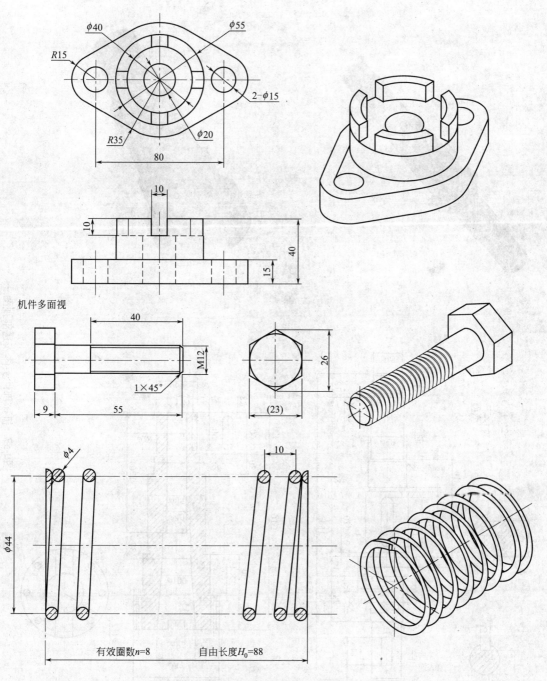

机件多面视

图 9-56　机械部件实体三视图二

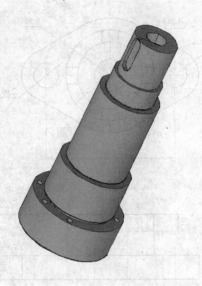

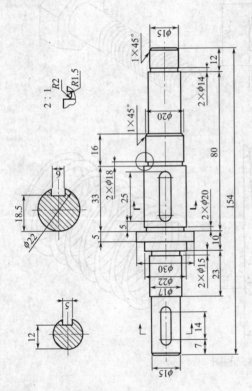

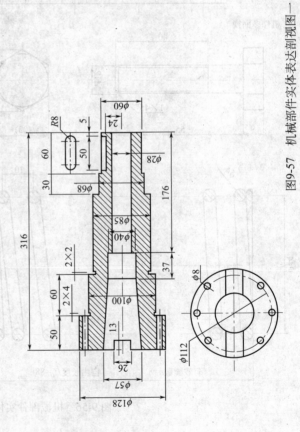

图9-57 机械部件实体表达剖视图一

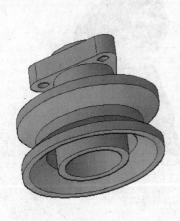

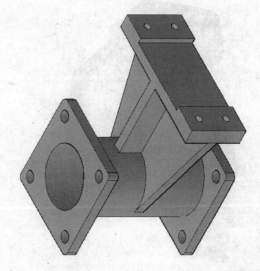

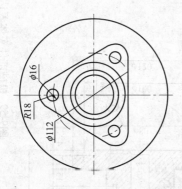

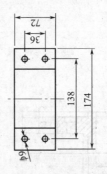

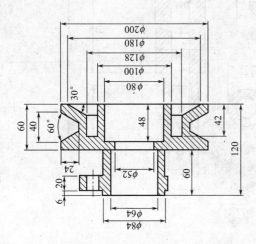

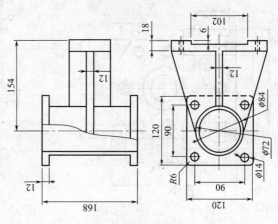

图9-58　机械部件实体表达剖视图二

171

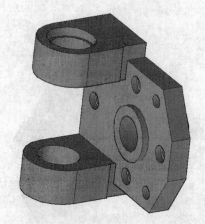

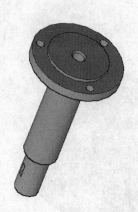

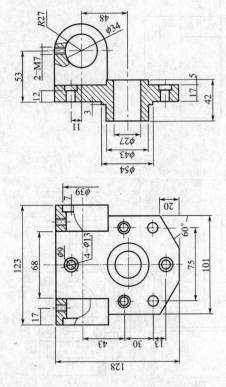

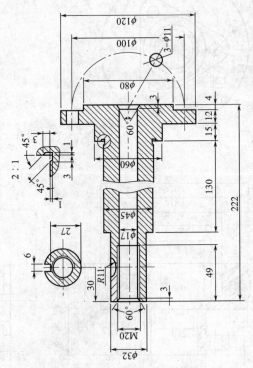

图9-59 机械部件实体表达剖视图三

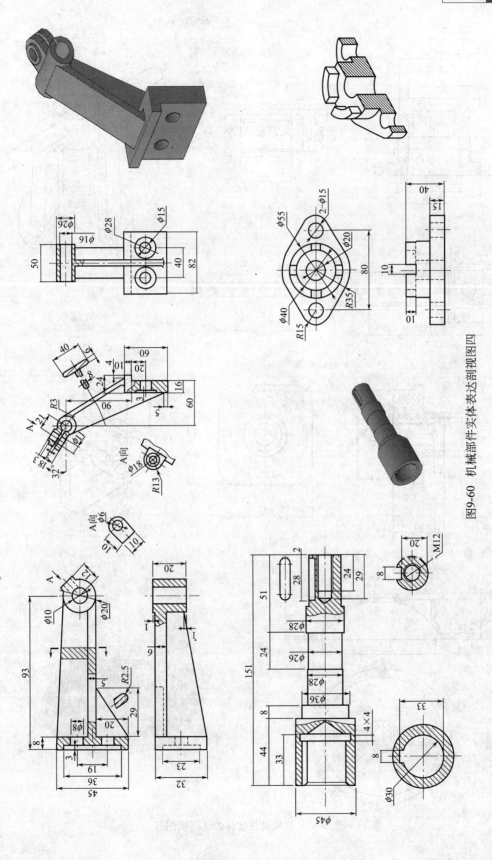

图9-60 机械部件实体表达剖视图四

173

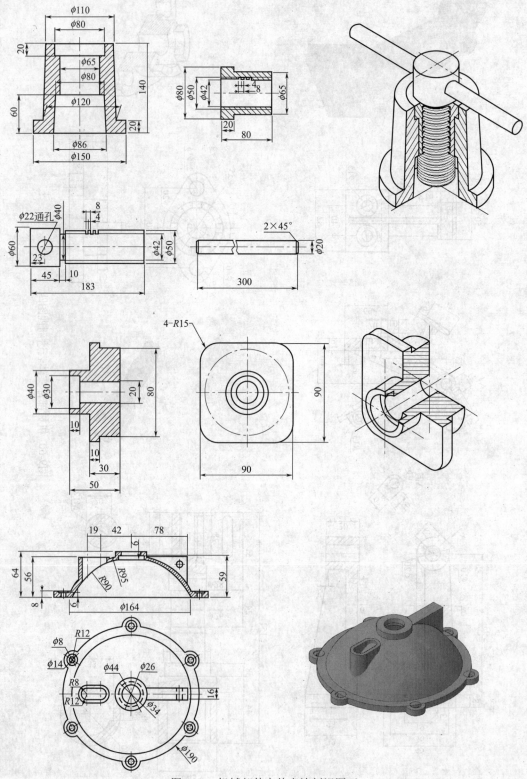

图 9-61 机械部件实体表达剖视图五

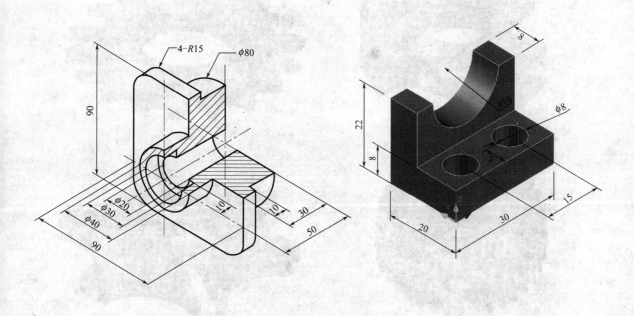

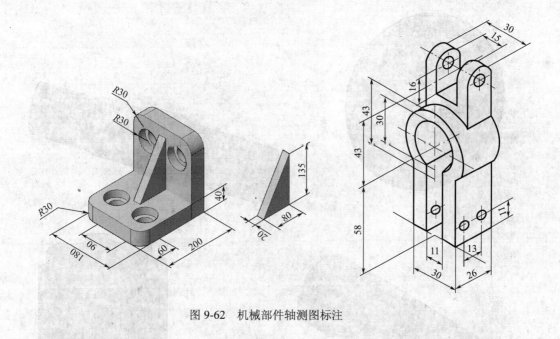

图 9-62　机械部件轴测图标注

图 9-63　机械部件三维视图一

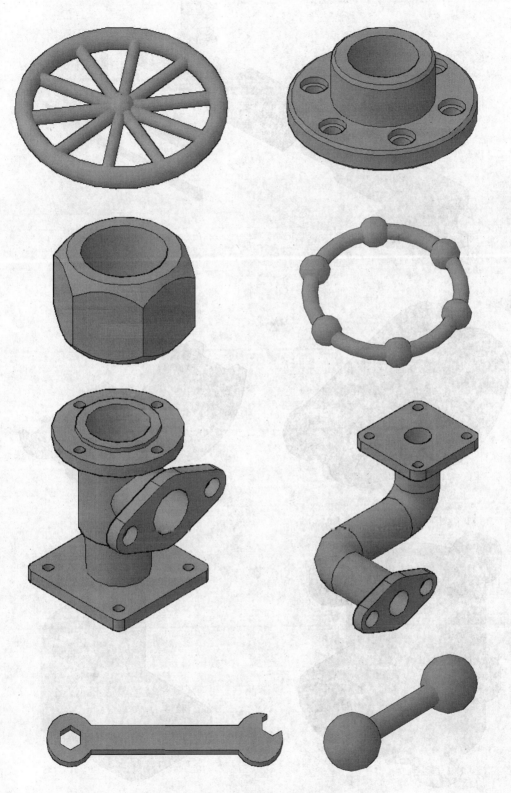

图 9-64　机械部件三维视图二

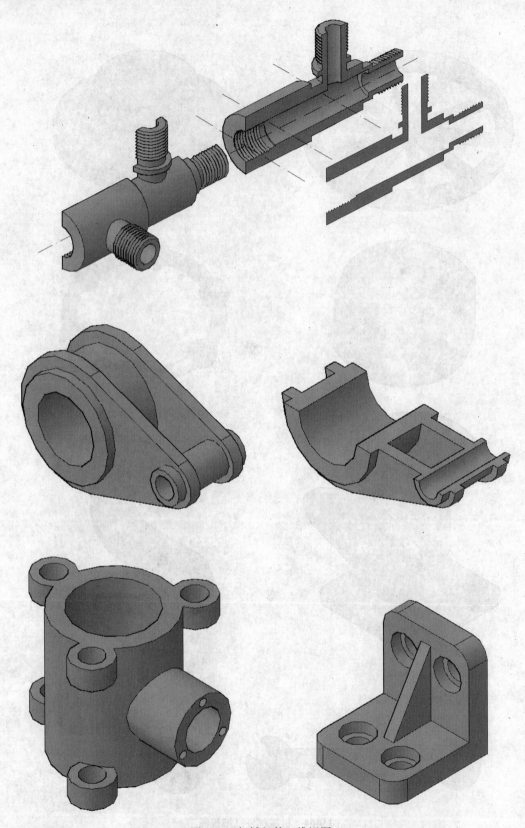

图 9-65 机械部件三维视图三

第三节　建筑工程图样

建筑工程图样见图 9-66～图 9-76。

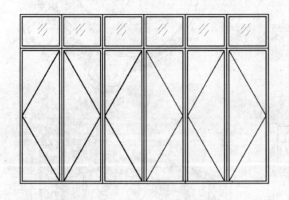

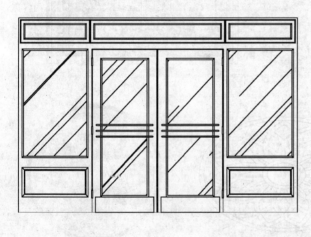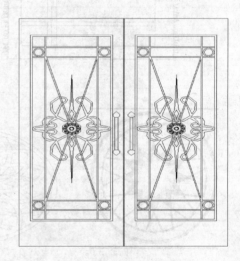

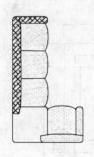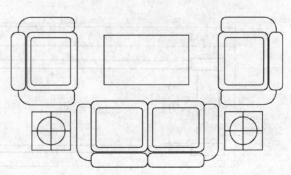

图 9-66　家装饰品平面图一

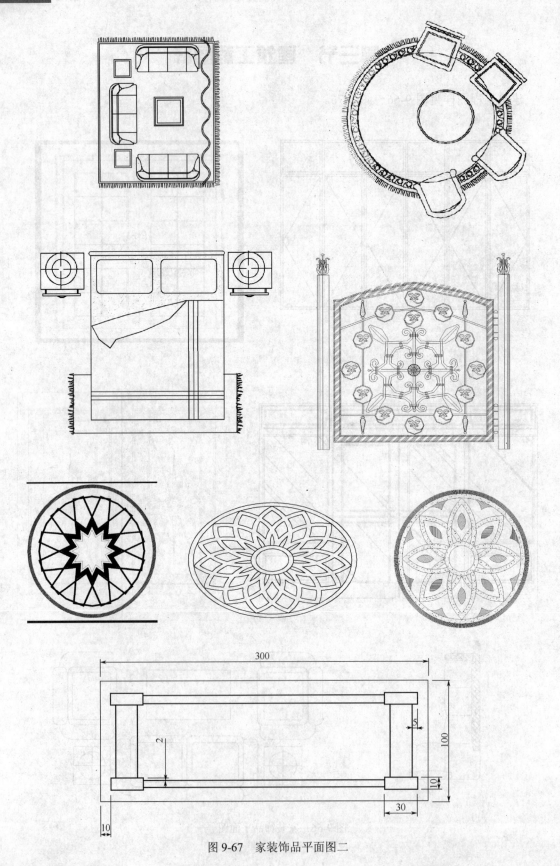

图 9-67　家装饰品平面图二

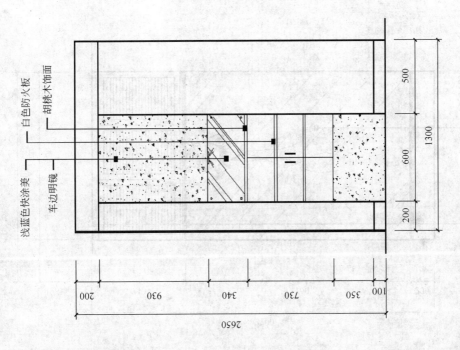

浅蓝色快涂美　车边明镜　白色防火板　胡桃木饰面

500
1300
600
200

200　930　340　730　350　100
2650

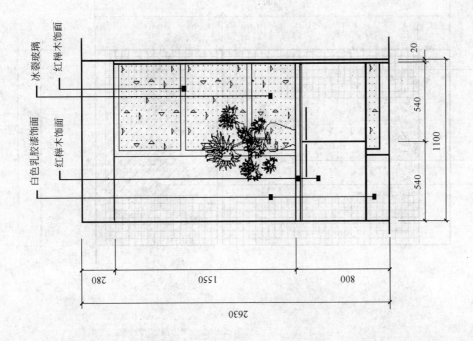

冰裂玻璃　红榉木饰面　白色乳胶漆饰面　红榉木饰面

20
540
1100
540

280　1550　800
2630

图 9-68　家装饰品立面图一

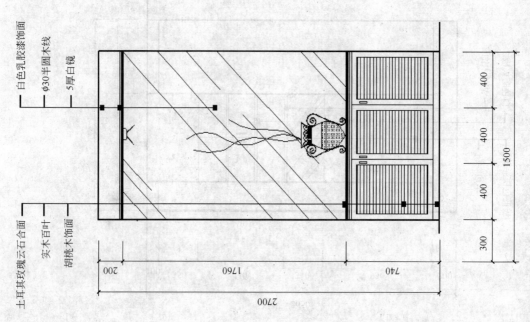

白色乳胶漆饰面
φ30半圆木线
5厚白镜

土耳其玫瑰云石台面
实木百叶
胡桃木饰面

400
400
400
300
1500

200
1760
740
2700

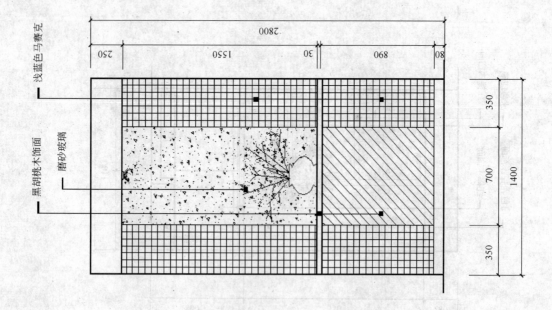

浅蓝色马赛克

黑胡桃木饰面
磨砂玻璃

250
1550
30
890
80
2800

350
700
350
1400

图 9-69 家装饰品立面图二

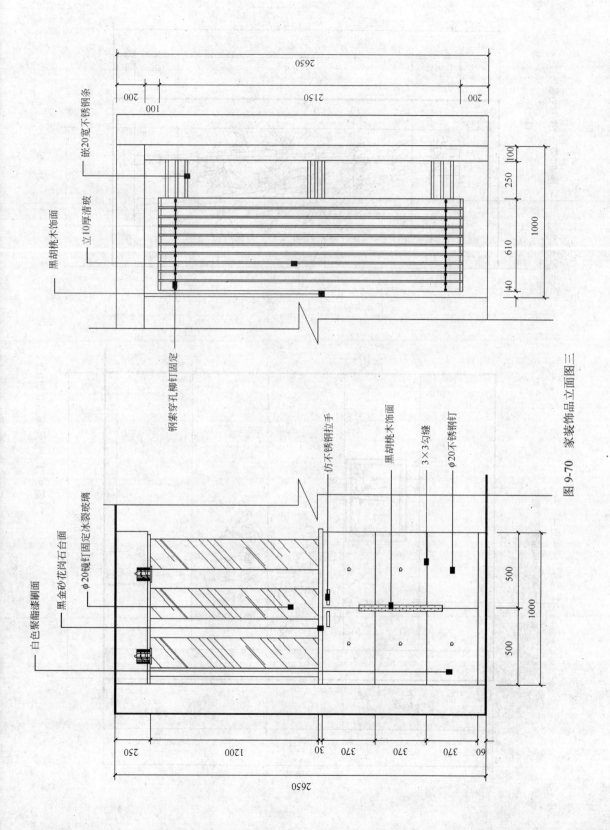

图 9-70 家装饰品立面图三

嵌20宽不锈钢条

黑胡桃木饰面

立10厚清玻

钢丝穿孔铆钉固定

仿不锈钢拉手

黑胡桃木饰面

3×3勾缝

φ20不锈钢钉

白色聚酯漆侧面

黑金砂花岗石台面

φ20镜钉固定冰裂玻璃

2650

200 2150 200

100

100

250

1000

610

40

500

1000

500

250 1200 30 370 370 370 60

2650

2650

183

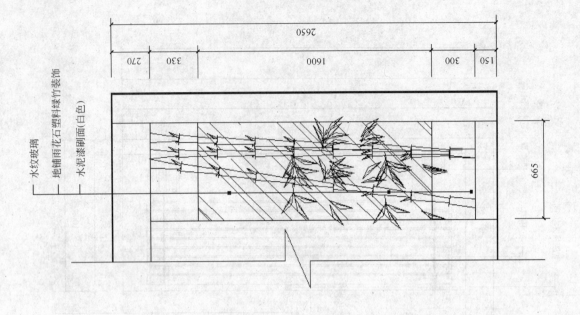

水纹玻璃
地铺雨花石塑料绿竹装饰
水泥漆刷面（白色）

2650

270　330　　1600　　300　150

665

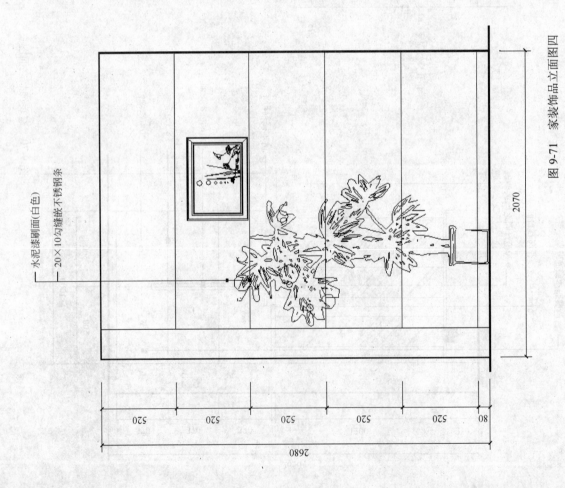

水泥漆刷面（白色）
20×10勾缝嵌不锈钢条

2070

80　520　520　520　520　520

2680

图 9-71　家装饰品立面图四

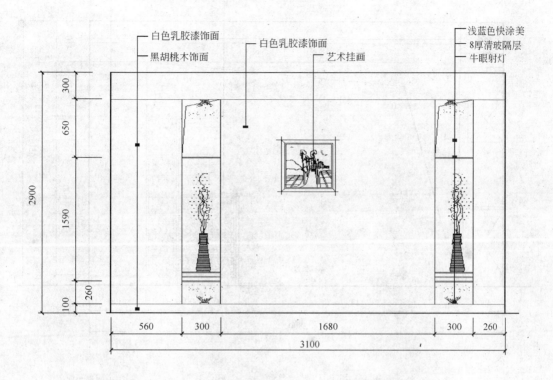

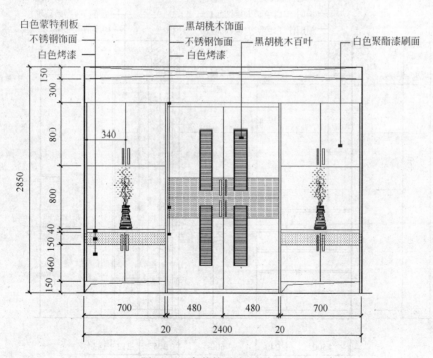

图 9-72 家装饰品立面图五

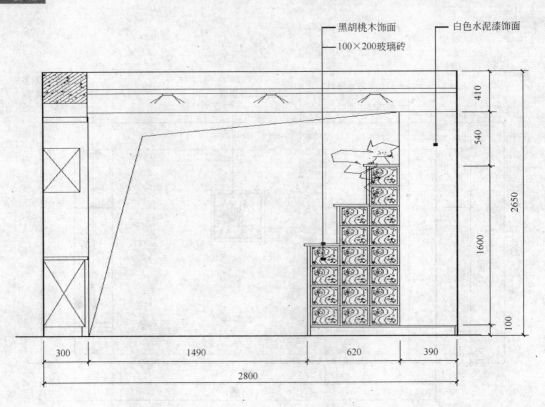

黑胡桃木饰面
100×200玻璃砖
白色水泥漆饰面

410
540
2650
1600
100

300   1490   620   390
2800

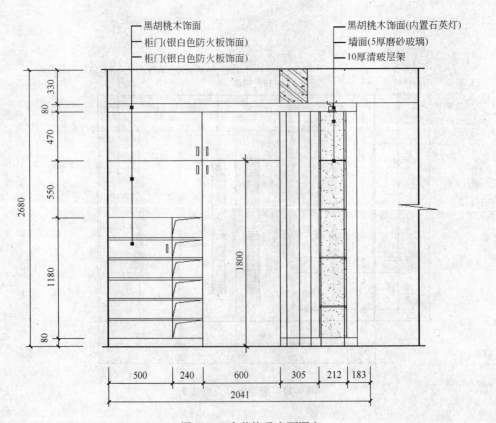

黑胡桃木饰面
柜门(银白色防火板饰面)
柜门(银白色防火板饰面)
黑胡桃木饰面(内置石英灯)
墙面(5厚磨砂玻璃)
10厚清玻层架

330
80
470
550
2680
1180
80
1800

500   240   600   305   212   183
2041

图 9-73   家装饰品立面图六

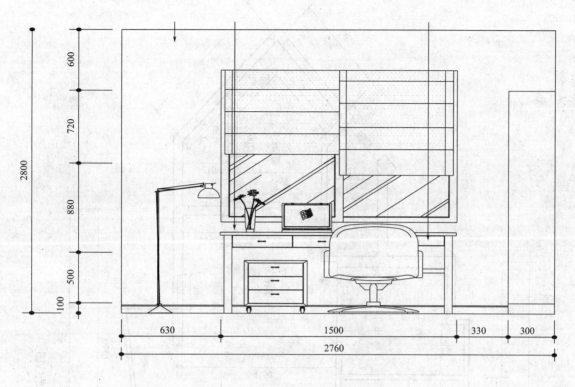

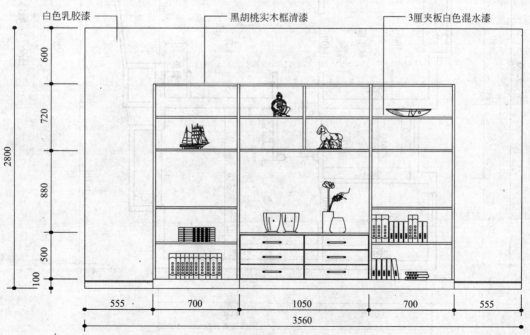

图 9-74 家装饰品立面图七

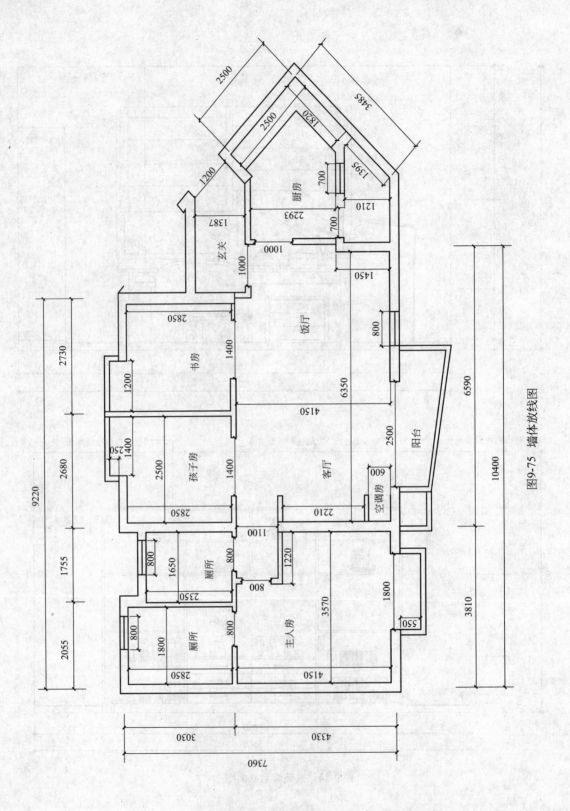

图9-75 墙体放线图

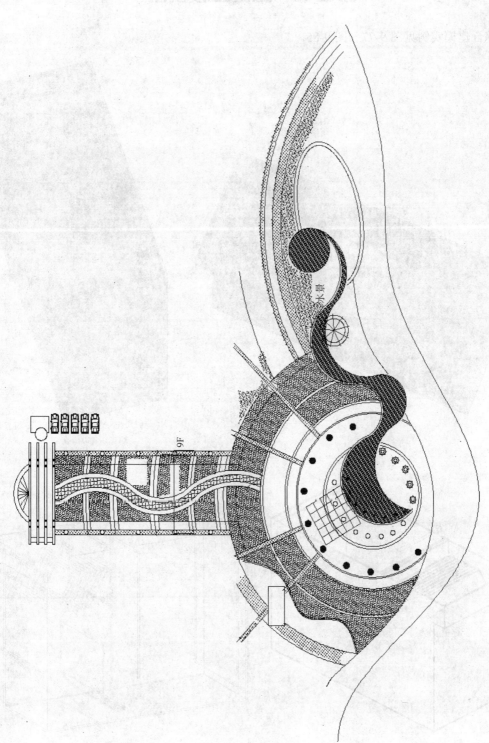

水景

9F

图 9-76 景观广场平面图

第四节　综合建模实例

综合建模实例见图 9-77～图 9-85。

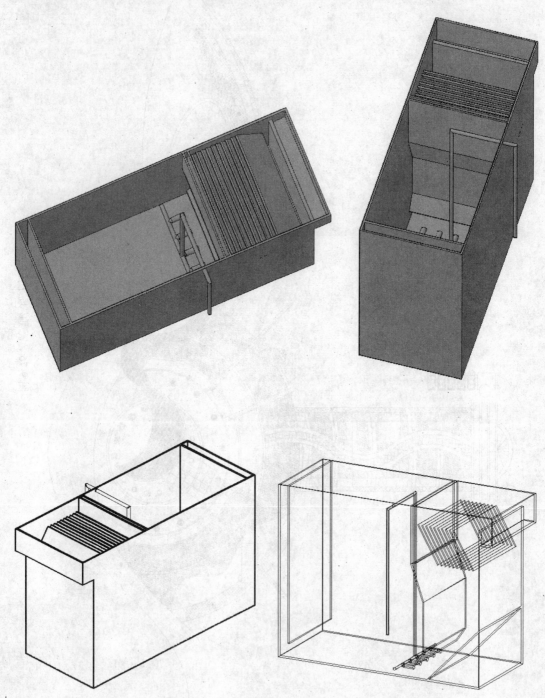

图 9-77　水处理构筑物部件一

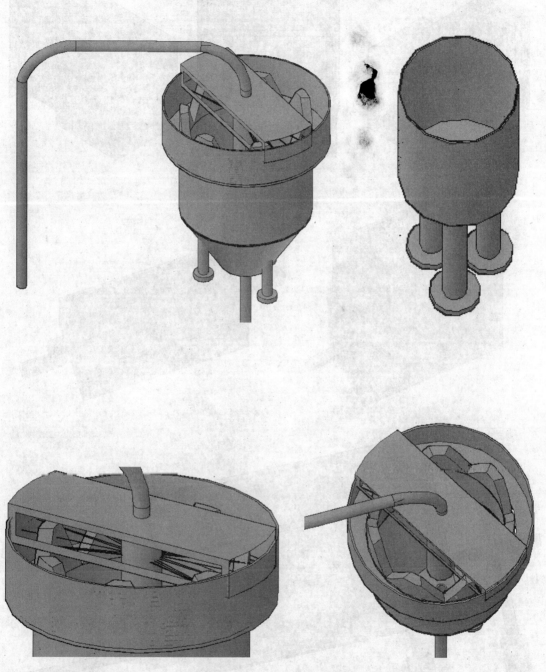

图 9-78　水处理构筑物部件二

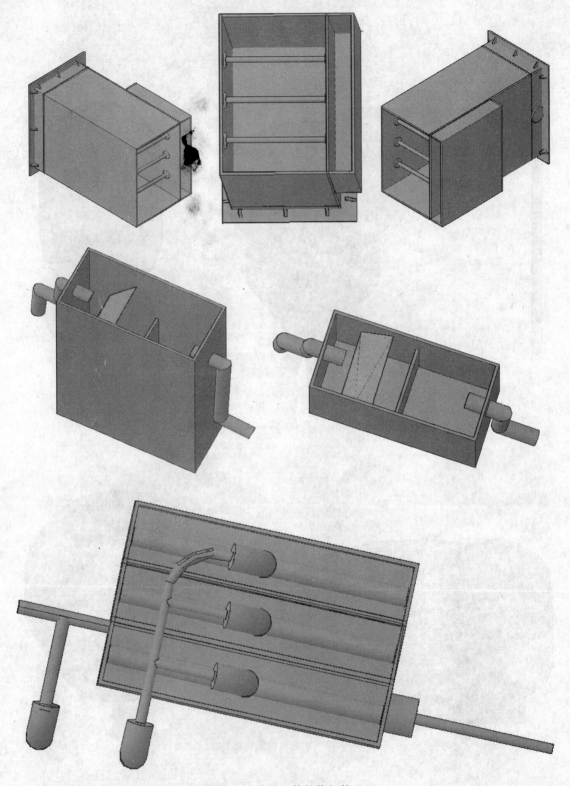

图 9-79　水处理构筑物部件三

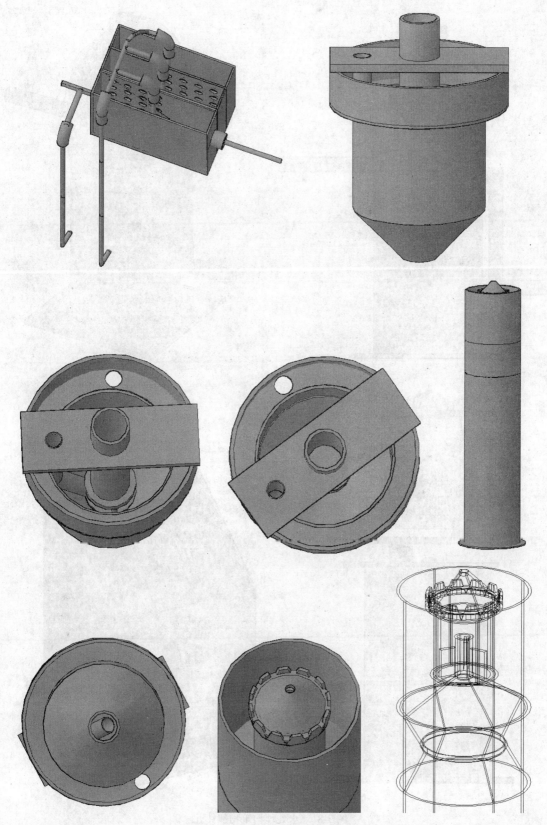

图 9-80 水处理构筑物部件四

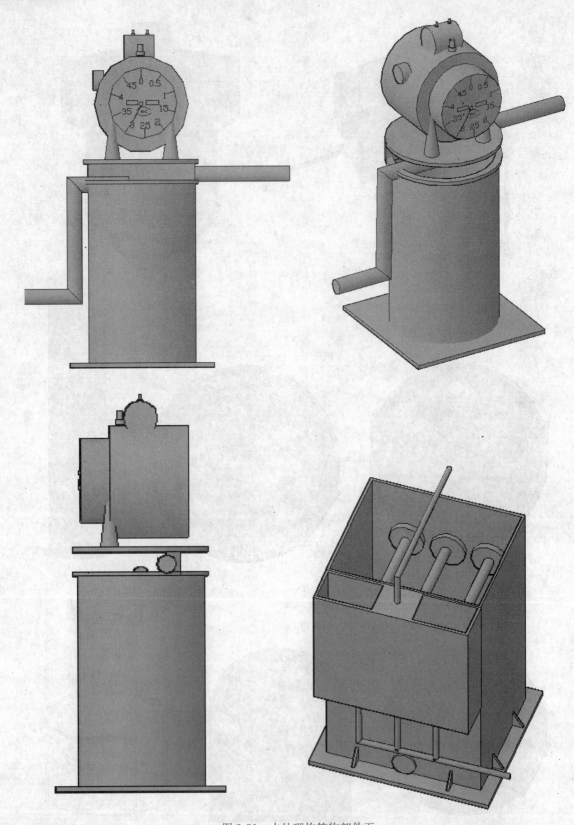

图 9-81　水处理构筑物部件五

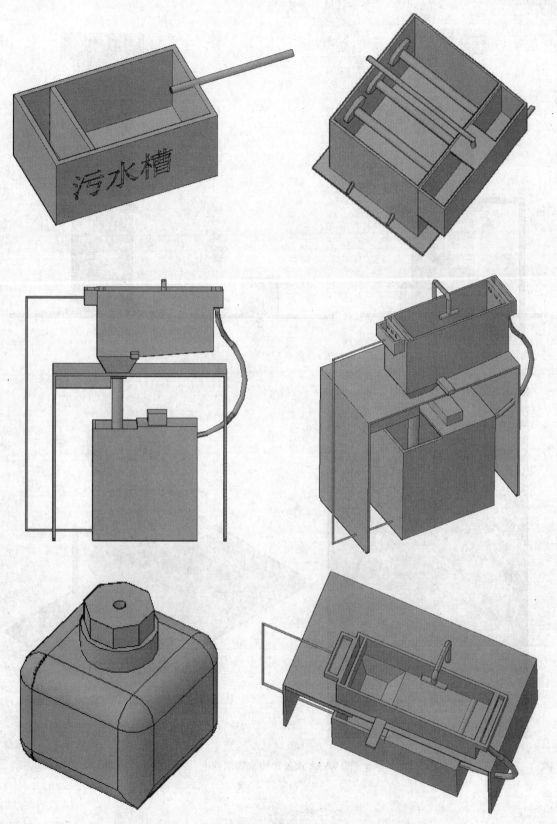

图 9-82　水处理构筑物部件六

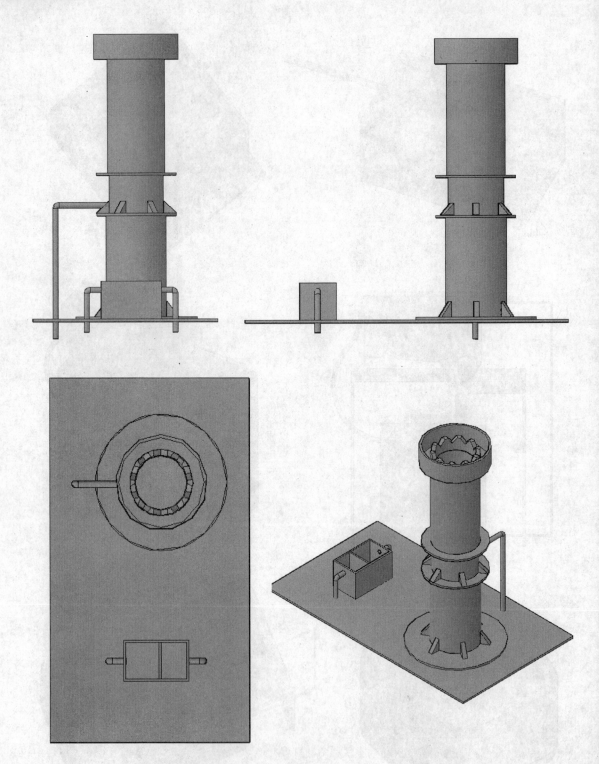

图 9-83　水处理构筑物部件七

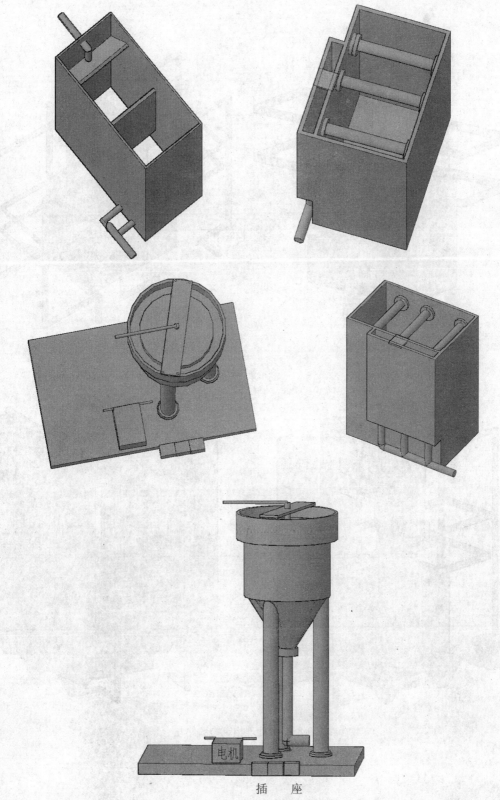

电机

插　座

图 9-84　水处理构筑物部件八

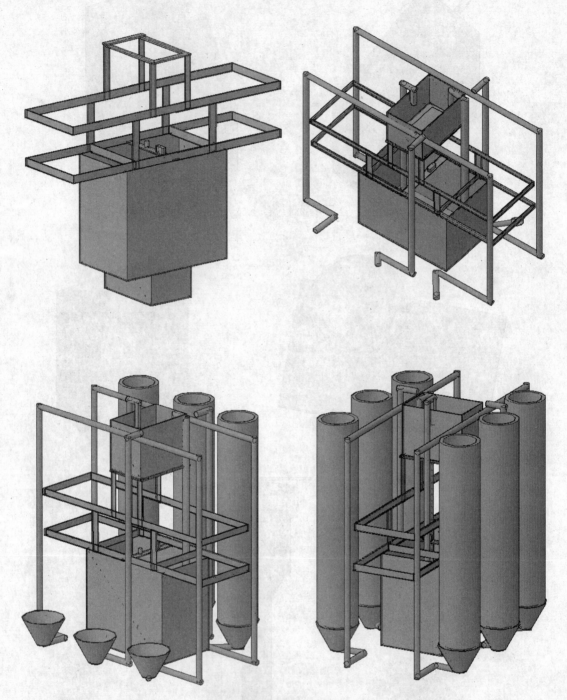

图 9-85　水处理构筑物部件九

附　　录

一、常用功能键

功 能 键	中文含义	功 能 键	中文含义
F1	获取帮助	F7	打开/关闭栅格显示模式
F2	实现绘图窗口和文本窗口的切换	F8	打开/关闭正交模式
F3	打开/关闭自动对象捕捉模式	F9	打开/关闭栅格捕捉模式
F4	数字化仪控制	F10	打开/关闭极轴追踪模式
F5	等轴测平面切换	F11	打开/关闭对象捕捉追踪模式
F6	控制状态行上坐标显示方式	F12	打开/关闭动态输入

二、常用 Ctrl 快捷键

命 令	快 捷 键	中文含义
PROPERTIES	Ctrl+1	打开特性对话框
ADCENTER	Ctrl+2	打开设计中心
OPEN	Ctrl+O	打开/关闭全屏显示
NEW	Ctrl+N、Ctrl+M	对象添加链接
PRINT	Ctrl+P	打印文件
SAVE	Ctrl+S	保存文件
UNDO	Ctrl+Z	取消上一步操作
CUTCLIP	Ctrl+X	剪切所选择的内容到剪贴板
COPYCLIP	Ctrl+C	复制所选择的内容到剪贴板
PASTECLIP	Ctrl+V	粘贴剪贴板上的内容
SNAP	Ctrl+B	打开/光闭栅格捕捉模式（F9）
OSNAP	Ctrl+F	打开/关闭自动对象捕捉模式（F3）
GRID	Ctrl+G	打开/关闭栅格显示模式（F7）
ORTHO	Ctrl+L	打开/关闭正交模式（F8）
	Ctrl+W	打开/关闭对象捕捉追踪模式（F11）
	Ctrl+U	打开/光关闭极轴追踪模式（F10）

三、 常用绘图命令

命 令	快 捷 键	中文含义
POINT	PO	点
LINE	L	直线
XLINE	XL	构造线
PLINE	PL	多段线
MLINE	ML	多线
SPLINE	SPL	样条曲线
POLYGON	POL	正多边形
RECTANGLE	REC	矩形
CIRCLE	C	圆
ARC	A	圆弧
DONUT	DO	圆环
ELLIPSE	EL	椭圆
REGION	REG	面域
TEXT	DT	单行文本
MTEXT	T	多行文本
BLOCK	B	块定义
INSERT	I	插入块
WBLOCK	W	外部块定义
DIVIDE	DIV	将点沿对象长度或周长等分排入
BHATCH	H	填充

四、常用编辑命令

命 令	快 捷 键	中文含义
COPY	CO	复制
MIRROR	MI	镜像
ARRAY	AR	阵列
OFFSET	O	偏移
ROTATE	RO	旋转
MOVE	M	移动
ERASE	E 或 Del 键	删除
EXPLODE	X	分解
TRIM	TR	修剪
EXTEND	EX	延伸
STRETCH	S	拉伸
LENGTHEN	LEN	直线拉长
SCALE	SC	比例缩放
BREAK	BR	打断
CHAMFER	CHA	倒角
FILLET	F	倒圆角
PEDIT	PE	多段线编辑
DDEDIT	ED	修改文本

五、常用尺寸标注命令

命 令	快 捷 键	中文含义
DIMLINEAR	DLI	线性标注
DIMALIGNED	DAL	对齐标注
DIMRADIUS	DRA	半径标注
DIMDIAMETER	DDI	直径标注
DIMANGULAR	DAN	角度标注
DIMCENTER	DCE	中心标注
DIMORDINATE	DOR	坐标点标注
TOLERANCE	TOL	标注形位公差
QLEADER	LE	快速引线标注
DIMBASELINE	DBA	基线标注
DIMCONTINUE	DCO	连续标注
DIMSTYLE	D	创建、修改标注样式
DIMEDIT	DED	编辑标注
DIMOVERRIDE	DOV	替换尺寸标注系统变量

六、视图操作命令

命 令	快 捷 键	中文含义
PAN	P	移动视图
	Z＋空格＋空格	缩放视图
	Z	局部放大视图
	Z＋P	返回上一视图
	Z＋E	显示全图

七、其他常用命令

命 令	快 捷 键	中文含义
ADCENTER	ADC、Ctrl＋2	打开设计中心
PROPERTIES	CH、MO、Ctrl＋1	打开特性对话框
MATCHPROP	MA	特性匹配
STYLE	ST	创建、修改、设置文字样式
COLOR	COL	设置颜色
LAYER	LA	管理图层和图层特性
LINETYPE	LT	加载、设置和修改线型
LTSCALE	LTS	设置全局线型比例因子
LWEIGHT	LW	设置线宽、线宽单位
UNITS	UN	设置图形单位和精度
ATTDEF	ATT	创建属性定义
ATTEDIT	ATE	编辑属性
BOUNDARY	BO	从封闭区域创建多段线和面域
ALIGN	AL	将对象和其他对象对齐

续表

命 令	快 捷 键	中文含义
QUIT	EXIT	退出
EXPORT	EXP	以其他文件格式输出
IMPORT	IMP	输入不同格式文件
OPTIONS	OP、PR	自定义 AutoCAD 设置
PLOT	PRINT	打印
PURGE	PU	删除图形中无用的命名项目
REDRAW	R	刷新生成当前视口
RENAME	REN	修改对象名
DSETTINGS	DS	设置栅格、极轴、对象捕捉
PREVIEW	PRE	显示图形打印效果
TOOLBAR	TO	显示、隐藏和自定义工具栏
VIEW	V	保存和恢复命名视图、设置视图
AREA	AA	计算对象面积和周长
DIST	DI	测量两点间距离和角度
LIST	LI	显示图形数据信息

参 考 文 献

[1] 丁亚兰. 国内外给水工程设计实例. 北京：化学工业出版社, 1999.

[2] 唐受印，戴友芝. 水处理工程师手册. 北京：化学工业出版社, 2000.

[3] 童秉枢. 机械 CAD 技术基础. 北京：清华大学出版社, 2000.

[4] 曾科等. 污水处理厂设计与运行. 北京：化学工业出版社, 2001.

[5] 王荣和. 给水排水工程 CAD. 北京：高等教育出版社, 2002.

[6] 徐新阳，于锋. 污水处理工程设计. 北京：化学工业出版社, 2003.

[7] 潘理黎，俞浙青. 环境工程 CAD 技术. 北京：化学工业出版社, 2006.

[8] 马贵春，吴伏家. 环境工程 CAD 技术基础与应用. 北京：科学出版社, 2007.

[9] 胡建生. 工程制图. 北京：化学工业出版社, 2008.

[10] 王晓燕，杨静. 环境工程 CAD. 北京. 高等教育出版社, 2008.

[11] 刘长江，张军华. AutoCAD 2009 中文宝典. 北京：电子工业出版社, 2009.

[12] 严煦世，范瑾初. 给水工程. 北京：中国建筑工业出版社, 2009.